民猪

八眉猪

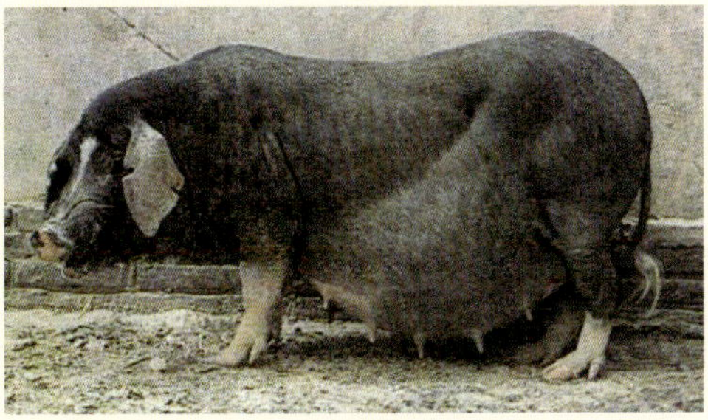
河西黑猪

太湖猪（二花脸）

合作猪

甘肃黑猪

甘肃白猪

华特猪 A 系

华特猪 B 系

华特猪 C 系

长白猪

大白猪

汉普夏猪

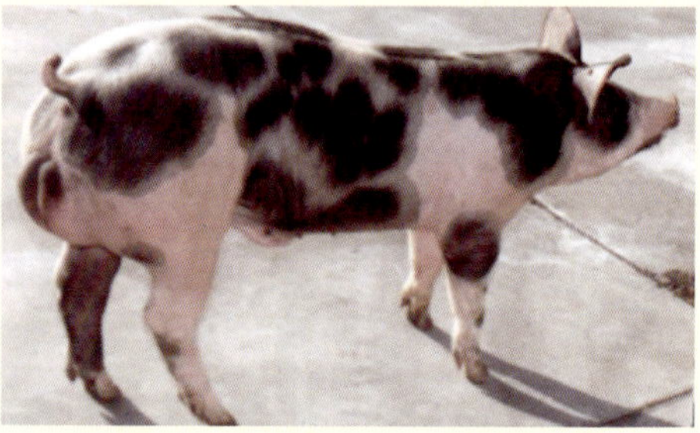

皮特兰猪

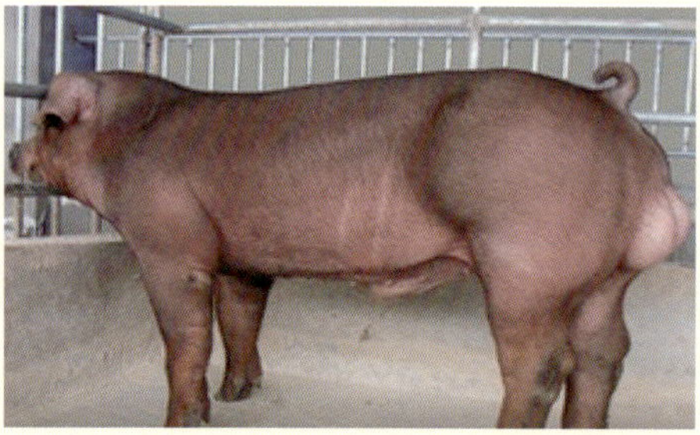

杜洛克猪

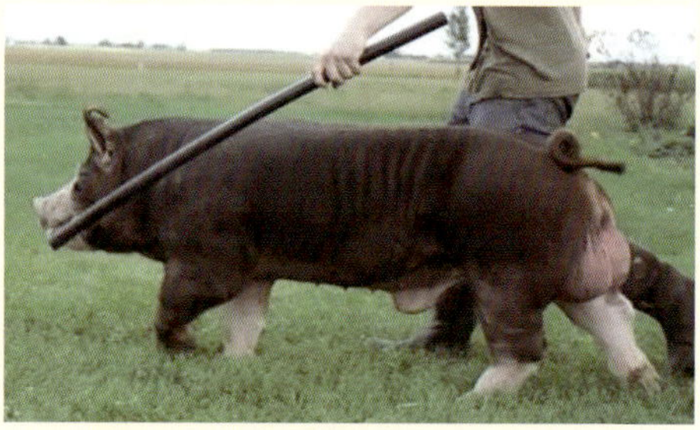

加强运动

开放式猪舍

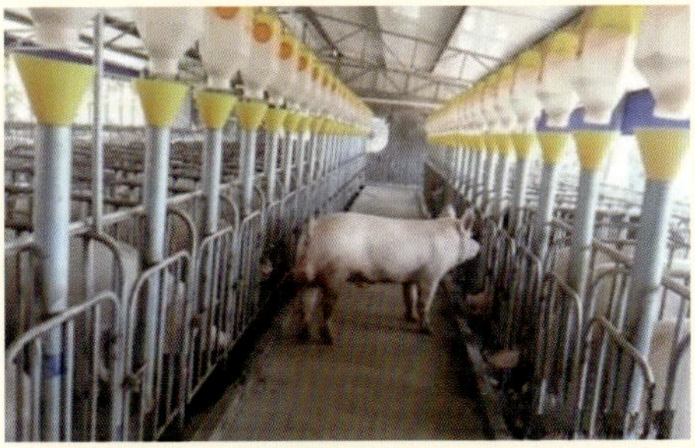
配怀舍

分娩哺乳猪舍

保育舍

后备猪舍

发酵床养猪

群养母猪栏

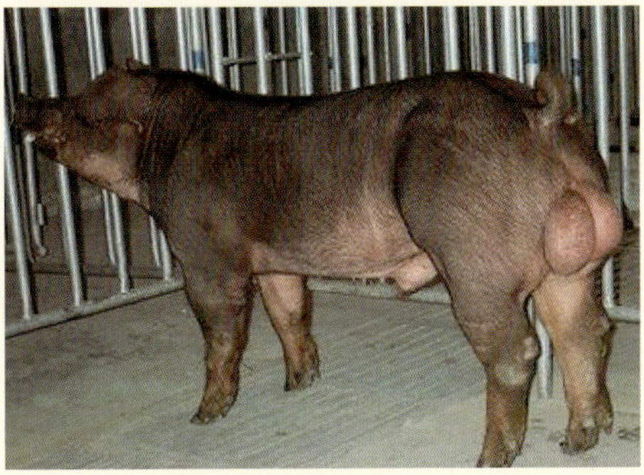
种公猪单栏饲养

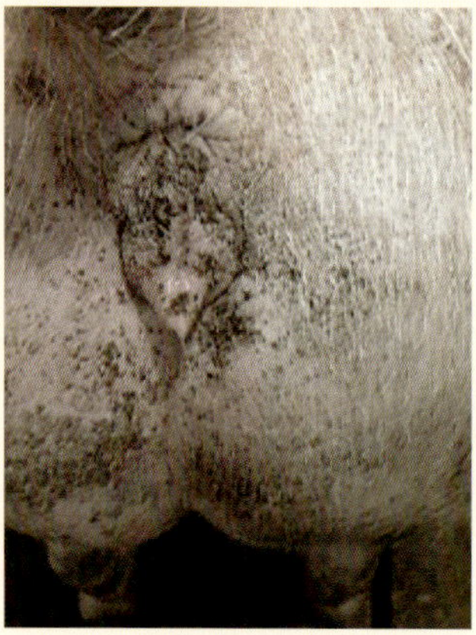

未发情母猪

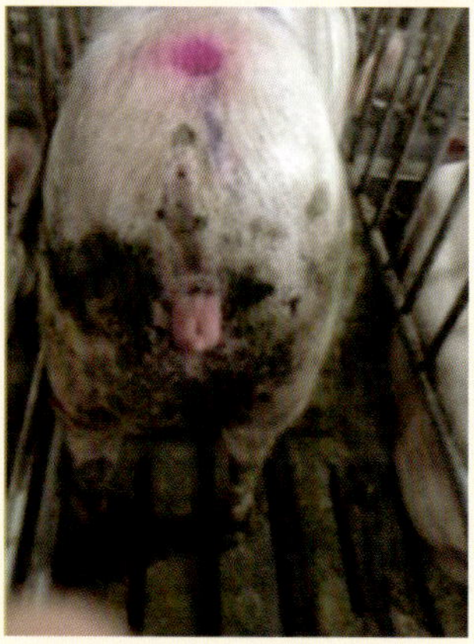

发情前期母猪

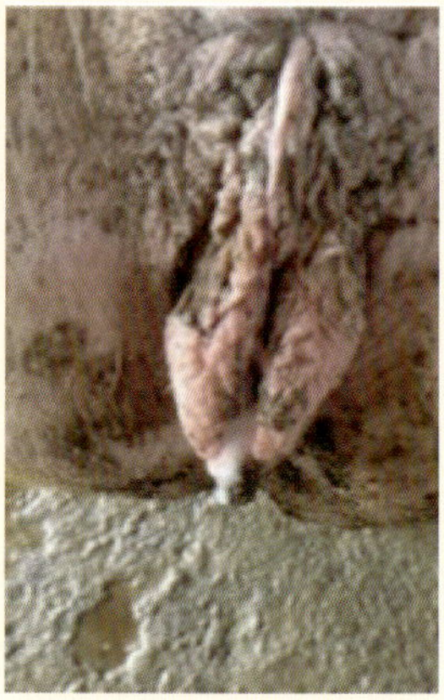

粘液流出

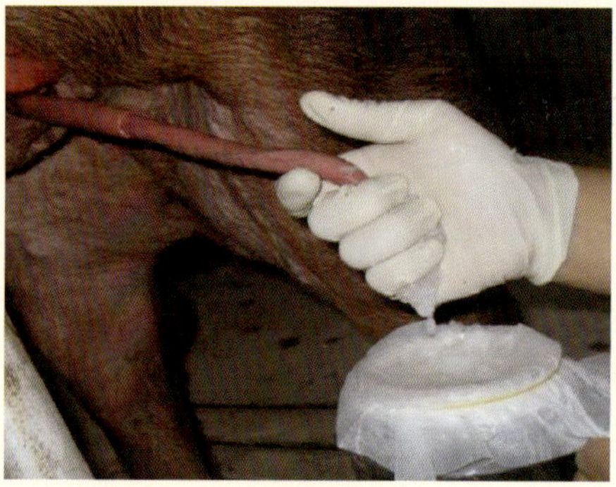

手握法采精

哺乳

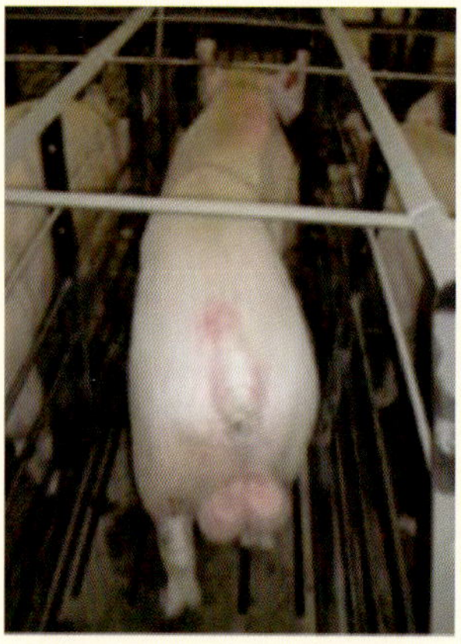

瘦

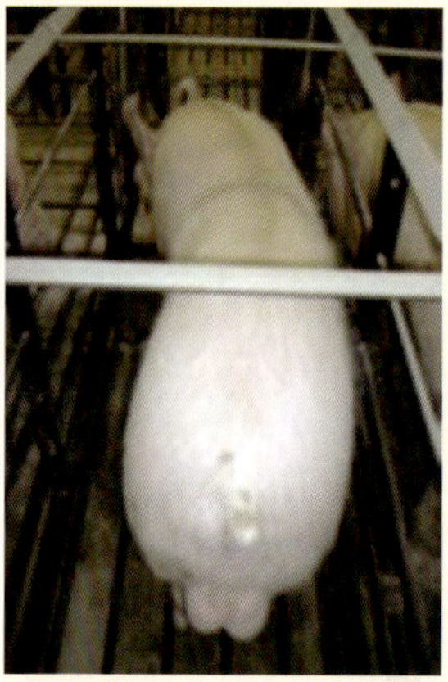

正常

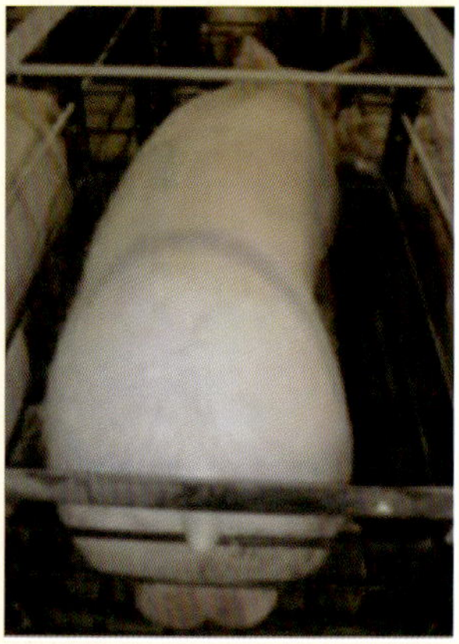

肥胖

种公猪膘情评分

校企合作“双元”教材

乡村振兴实用人才培养系列丛书

养猪与猪病防治实用技术

主　　编　赵润梅

副 主 编　曾金焱

参　　编（以姓氏笔画为序）

石旭东　许万和

西北农林科技大学出版社

Northwest A&F University Press

·杨凌·

图书在版编目（CIP）数据

养猪与猪病防治实用技术 / 赵润梅主编.—杨凌：西北农林科技大学出版社，2021.8

ISBN 978-7-5683-0987-5

Ⅰ.①养…　Ⅱ.①赵…　Ⅲ.①养猪学－教材②猪病－防治－教材　Ⅳ.①S828②S858.28

中国版本图书馆CIP数据核字（2021）第158808号

养猪与猪病防治实用技术

赵润梅　主编

出版发行　西北农林科技大学出版社
地　　址　陕西杨凌杨武路3号　　　**邮　编**　712100
电　　话　办公室：029-87093105　发行部：029-87093302
电子邮箱　press0809@163.com
印　　刷　西安浩轩印务公司
版　　次　2021年8月第1版
印　　次　2021年8月第1次印刷
开　　本　787 mm × 1092 mm　1/16
印　　张　12.75　　　插页　2
字　　数　250千字

ISBN 978-7-5683-0987-5

定价：57.00 元

乡村振兴实用人才培养系列丛书
编审委员会

乡村振兴实用人才培养系列丛书
教材目录

《新时代公民行为规范》	冯秀菊
《应用文写作》	郭晓雯
《养羊与羊病防治实用技术》	孙甲川
《养鸡与鸡病防治实用技术》	金丽娜
《养猪与猪病防治实用技术》	赵润梅
《无公害蔬菜生产技术》	张庆霞
《食品安全快速检测技术（理化检测篇）》	冯晓群　毕　文
《农业经营与管理》	许开录
《绿化植物分类与识别技术》	高丽莉

序

党的十九大提出实施乡村振兴战略，是以习近平同志为核心的党中央放眼全局，把握我国农业现代化建设方向，顺应亿万农民对美好生活的向往所做出的重大战略决策部署，是新时代做好“三农”工作的总抓手，是按照产业兴旺、生态宜居、乡风文明、治理有效、生活富裕的总要求，将“产业振兴、人才振兴、文化振兴、生态振兴、组织振兴”与科教兴国战略、人才强国战略协同发展，达到农业强、农村美、农民富，全面实现乡村振兴。

农民是乡村振兴的主体，开展职业农民学历教育和创业致富带头人培训，是提高农民综合素质、生产能力和经营管理能力，加强农村实用人才队伍建设，实现乡村振兴战略的必然要求和动力基础，对深入开展乡村产业开发，培育新型职业农民，全面提高新型职业农民的创新能力、创新意识，增强农村劳动力的创业能力，增加农民收入都具有十分重要的作用。

为贯彻落实中共中央、国务院关于“全国高职院校扩招100万人”的重大决策部署和教育部、农业农村部关于“实施百万高素质农民学历提升行动计划”的通知精神，积极开展职业农民教育培训，让更多有志青年成长为能工巧匠，在创造社会财富中实现人生价值，为加快建设幸福美好新甘肃，不断开创富民兴陇新局面提供智力支撑和人才保障，我们遵循农民教育培训的基本特点和规律，编写了“乡村振兴实用人才培养系列丛书”。

“乡村振兴实用人才培养系列丛书”包含人文素养、种植、养殖、食品安全、农村经济等内容，该丛书包括《新时代公民行为规范》《应用文写作》《养羊与羊病防治实用技术》《养鸡与鸡病防治实用技术》《养猪与猪病防治实用技术》《无公害蔬菜生产技术》《食品安全快速检测技术（理化检测篇）》《农业经营与管理》《绿化植物分类与识别技术》等实用技术图书与公共基础课程教材，涵盖了农业生产与经营的各环节及关键技术，简单明了、通俗易懂，具有很强的针对性和实用性，既可作为新型职业农民学历教育的专用教材，也可作为生产人员、技术人员和管理人员的培训教材和参考用书。

本丛书在编写的过程中，得到了相关专业老师的大力支持和帮助指导，在此，表示衷心的感谢！

编委会

2021年8月

Preface

前　言

为了大力培育新型职业农民，提升农民的基本素质和操作技能，提高培训的质量和服务农民的能力，根据农业农村部新型职业农民培训的有关精神和农业农村部发布的《新型职业农民培训规范》的有关要求，甘肃农业职业技术学院组织编写了《养猪与猪病防治实用技术》一书，作为“乡村振兴实用人才培养系列丛书”中的一部教材。

本教材针对新型农民培训的要求与特点，结合我国养猪业发展现状，重点介绍了我国养猪业概况、养猪环境及基本设施、猪的品种选择利用、后备猪生产、种公猪的饲养管理、母猪的饲养管理、仔猪生产、肉猪生产、猪场的卫生防疫、猪的常见疾病与防治，力争做到通俗易懂、实践操作性强。

本教材适用于新型职业农民、规模养猪场人员、养猪专业技术工作者、饲料兽药营销人员等使用，也可作为高职院校畜牧兽医专业学生的参考用书。

本教材由甘肃农业职业技术学院赵润梅主编，全书共分七个模块、十五个项目。模块一和模块二由曾金焱编写，模块三、四、五、六、七以及附录由赵润梅编写，全书由赵润梅统稿完成。

本教材由兰州市畜禽育种推广中心石旭东主任担任主审，他对书稿提出了许多宝贵意见和建议，提升了教材质量。教材编写过程中得到了兰州正大有限公司许万和同志的支持和帮助。同时，书中引用了诸多专家和同行的研究成果及相关书刊资料，在此谨致以诚挚的感谢。

由于编者水平有限，书中难免有不妥之处，恳请广大读者给予指正。

编　者

2020年11月

Content

目　录

模块一 1 CHAPTER

如何进行养猪创业

项目一　了解养猪业

养猪业是我国畜牧业的主体，也是农民增收和脱贫致富的重要产业。进行养猪创业，首先必须对我国养猪业的概况、养猪业的前景与主要风险、国家养猪业政策与发展规划及猪的生物学特性等加以了解。

任务一　我国养猪业的概况

一、养猪业的重要性

我国是世界第一养猪大国，具有悠久的养猪历史和丰富的品种资源，为世界养猪业的发展做出了巨大的贡献。特别是改革开放以来，随着人们生活水平的不断提高，对养猪业生产提出了更高的要求，使其在改革中前进，在发展中壮大，科技含量不断增加，生产水平明显提高。在目前农业产业结构调整以及乡村经济振兴方面，养猪业的地位和作用日益突出。

（一）提供优质的肉食

国家统计局《2019年国民经济和社会发展统计公报》显示，2019年全年肉类总产量7758.8万吨，其中，猪肉产量4255.3万吨，生猪存栏31040.7万头，肉猪出栏54419.2万头。2019年猪牛羊肉人均占有量38.7千克，猪肉消费占我国肉类消费品半壁以上江山，约占世界猪肉总产量的49%，且近半数的猪肉在中国生产。猪肉营养丰富、消化率高、口味好，除少数民族习俗外，猪肉几乎已经成为改善人们生活水平主要的消费对象，以及美味佳肴中不可替代的成员。

（二）提供优质有机肥料

土地长期使用化肥，易板结成块。猪粪肥料，提供大量农作物必需的氮、磷、钾等元素，还含有大量有机质，对改善土壤理化性状、结构，提高土壤肥力均具有良好的作用，为实现高产、高效、优质可持续发展的生态农业，提供优质的有机肥料。

（三）提供工业原料

“猪浑身是宝”，除了提供肉质产品外，猪鬃、皮、骨、脑、肉、内脏等分别用作毛纺、制革、制药、化学、食品等工业的重要原料。如皮可以制革或制胶；鬃毛是机械、国防、毛纺等工业的原料；肝、胆、脑髓、血、骨等可提取各种有价值的药品和工业用品。

（四）提供实验动物

猪的很多生理特点与人非常接近，可作为医学界药物毒性实验的对象和脏器移植的供体，如角膜移植，为科学研究开辟新途径。国外科学家研究利用猪肾代替人肾作器官移植。2017年，中南大学湘雅三医院为一位右眼几近失明的男子做了猪眼角膜移植手术，并且该男子移植猪眼角膜后视力开始恢复。目前由于国内缺乏人体捐献角膜，考虑到猪眼角膜的参数与人体比较接近，才选择了猪眼角膜。国家心血管病中心中国医学科学院阜外医院把猪的心脏瓣膜置换到人的心脏，由于猪的主动脉瓣的结构与人的主动脉瓣十分相似，来源又方便，因此，这种异种生物瓣被广泛应用。

《手术两百年》
猪心脏移植

（五）出口创汇

活猪、猪肉、火腿、猪鬃、猪皮、肠衣是我国主要的出口物资，每年为国家换来大量的外汇。2019年，我国猪肉出口数量2.66万吨，猪肉出口金额141.39百万美元，猪肉罐头出口数量29013.29吨，肠衣出口量95670.91吨。

（六）增加收入

我国养猪历史悠久，自然资源丰富，劳动力充足。目前我国养猪生产正在从传统副业生产向专业化、集约化生产过渡，已成为经济发展的支柱产业。因此，养猪生产是调整农业产业结构、增加粮食转化附加值、活化和转移农村剩余劳动力以及振兴经济、富裕农民的重要途径。传统养猪是指农民千家万户养殖，现在养猪是工厂化、专业化、规模化、集约化养殖。国家鼓励农民发展规模化养殖，增加收入。

二、养猪业的现状及发展趋势

随着我国社会经济的不断发展和人民生活的不断提高，我国养猪业也得到了长足的发展，主要表现在数量快速增长、生产水平显著提高、品种结构发生了根本性变化、新技术得到了普遍应用、饲料工业飞速发展、规模化养殖比重不断提高等方面。

（一）我国养猪业现状

1.养猪数量明显增长，生产水平大幅度提高

我国传统养猪是千家万户养猪，每家养1～2头猪，主要以麦草粉碎后加麸皮、胡麻饼（压榨完油的油渣），拿涮锅水烫一下喂猪。现在这种情况几乎见不到了，都是工厂化、集约化、专门化养殖，饲养规模和数量有很大的增加。其中2018年，我们国家猪的存栏数为42817.11万头，猪肉年产量5403.74万吨。表1-1显示2010—2019年我国生猪存栏量、出栏量和猪肉产量。

表1-1　2010—2019年我国生猪存栏量、出栏量和猪肉产量

年份	存栏量（万头）	出栏量（万头）	猪肉产量（万吨）
2010	46765.25	67332.7	5138.44
2011	47074.81	67030.0	5131.65
2012	48030.24	70724.5	5443.55
2013	47893.14	72768.0	5618.60
2014	47160.21	74951.5	5820.80
2015	45802.89	72415.6	5645.41
2016	44209.17	70073.9	5425.49
2017	44158.92	70202.1	5451.80
2018	42817.11	69382.4	5403.74
2019	31040.69	54419.0	4255.31

注：数据来源于国家统计局官方网站http://www.stats.gov.cn/

2.养猪生产社会服务体系日趋完善

具有相当规模的良种繁育、饲料加工、疫病防治、加工流通四大保障体系，且蓬勃发展、日臻完善。

良种繁育体系：我国已经基本形成了以国家良种中心、良种场、繁育场、人工授精站为主的繁育体系。

饲料加工体系：伴随着养殖业的迅猛发展，一大批大中型饲料加工企业孕

育而生，饲料销售网点遍布广大农村，形成了饲料生产、销售、技术服务一条龙运作体系。同时各级饲料质量监控网的建立和完善，使配合饲料、浓缩饲料、添加剂预混料生产已经走上科学化、规范化的轨道，为养猪生产提供了饲料与技术保障。

疫病防治体系：从中央到地方乡镇兽医站的畜禽疫病防治网络体系以及各级兽药质量检测和卫生防疫机构已经形成和建立，对一些烈性传染性疫病能够进行有效监控和预防，基本保障了安全生产。在一些疾病的诊治和预防方面已经达到世界先进水平。

加工流通体系：来自我国农业农村部数据显示，2020年11月我国规模以上生猪定点屠宰企业屠宰量1626.24万头。猪肉加工品种除了传统的白条肉、香肠、火腿外，又开发出新鲜、方便、卫生的多种猪肉小包装产品，增加了种类，提升了加工深度，繁荣了市场。

3.养猪生产方式有了很大变化

由千家万户零星传统散养方式转变为工厂化、适度规模化养猪，并向专业化、集约化方向发展。新的生产方式公司＋农户＋科技，不断出现。

4.养猪科学研究和技术推广成果丰硕

已研制出预防猪传染病的疫苗，探索出一些主要猪病的诊治技术和疫病预防的免疫程序。猪的杂交利用、人工授精、早期断奶、全进全出、工厂化生产工艺和设备、饲料营养和配方等新技术得到普遍推广应用，产生了巨大的经济效益。但与国外先进水平相比，整体技术水平还相对落后，特别是创新能力不足，管理和技术人才缺乏，养猪科技推广仍任重道远。

（二）我国养猪业存在的问题

从养猪业现状来看，我国近年来养猪业取得了较大发展，但与世界发达国家相比还存在相当大的差距。主要表现在以下几个方面：技术力量弱，生产水平低；疫病复杂，兽医防控薄弱；猪肉质量下降，安全有待规范；品种利用不合理，保种需要加强；环境污染突出，粪污需要治理。

（三）我国养猪业的发展趋势

随着养猪业不断发展，专业养殖户和规模化饲养已经逐渐取代了传统的家庭式养猪模式，但部分地区的环境污染问题越来越严重，人们逐渐开始关注畜产品的安全问题。未来养猪发展方向是绿色生态养猪，生产无公害、安全猪肉。从追求高的胴体瘦肉率，向重视猪繁殖力和较好肉质方向转变。

任务二　养猪业政策

一、项目扶持政策

主要有生猪大县奖励、生猪良种补贴项目、生猪标准化规模养殖场（小区）建设项目；扶持“菜篮子”畜产品项目、动物防疫补贴、饲养设备购置补贴、大中型沼气建设项目及扶持农民合作社发展资金补贴、农业综合开发补贴政策等等。

二、保险政策

主要有能繁母猪保险补贴政策、育肥猪保险补贴政策和生猪目标价格保险补贴试点政策等。能繁母猪保险补贴政策即每头能繁母猪保额1000元，保费60元，其中养猪场户负担12元，其余48元由政府直接补贴。参保能繁母猪指年龄在8月龄以上、4周岁以下，必须经当地畜牧兽医部门认定，并按规定免疫并佩戴标识的具有繁殖能力的母猪。存栏量10头（含）以上的可直接投保，10头以下的以行政村或农民专业合作组织为单位统保。保险责任涵盖母猪饲养过程中面临的主要病害、自然灾害和意外事故。能繁母猪保险由当地县级中国人民财产保险公司独家承保。

三、贷款政策

主要是贴息贷款政策，即为扶持养猪业的发展，由国家或地方政府替猪场分担一部分贷款利息或全部贷款利息，以解决养猪者资金不足的问题。

四、税收政策

对从事家禽、牲畜配种的企业和个人免征5%的营业税；对从事家禽、牲畜饲养的企业免征25%的企业所得税；对从事养殖业的个人或个体户免征15%的个人所得税；引进优良种畜禽、牧草种子免征进口关税和进口环节增值税；直接从事植物的种植、收割和动物的饲养、捕捞的单位和个人销售的自产农业产品，免征增值税；在城镇土地使用税征收范围内经营采摘、观光农业的单位和个人，其直接用于采摘、观光的种植、养殖的土地等，免征城镇土地使用税。

五、用地、用水和用电政策

农村集体经济组织、农民和畜牧业合作经济组织按照乡镇土地利用总体规划，兴办规模化畜禽养殖所需用地按农用地管理，作为农业生产结构调整用地则不需办理农用地转用审批手续。其他企业和个人兴办或农村集体经济组织、农民和畜牧业合作经济组织联合兴办规模化畜禽养殖所需用地，实行分类管理。畜禽舍等生产设施及绿化隔离带用地，按照农用地管理，不需办理农用地转用审批手续；管理和生活用房、猪病防控设施、饲料贮藏用房和硬化道路等附属设施，属于永久性建筑物，其用地按照农村集体建设用地管理，须依法办理农用地转用审批手续。

水利部门对畜禽规模养殖场用水免收地下水资源费。电力部门对畜禽养殖场用电执行农业生产电价。

六、环保政策

2014年1月《畜禽规模养殖污染防治条例》开始实施，对粪便污水无害化和病死猪处理等做出相关规定。2015年1月新修订的《中华人民共和国环境保护法》明确规定“保护优先、预防为主、综合治理”的原则。新政策的实施将增大猪场环保投入，推动养猪业的转型升级，提高养猪的门槛。环保政策的陆续出台，促使不少地区划分了限养区和禁养区，有的地方还强行关闭了一些猪场。据不完全统计，2015年上半年全国因环保问题而遭政府警告、勒令拆除的各种规模的养殖场超过2万家，如此庞大的数量，说明国家正在对畜禽养殖业造成的污染问题大力整改，给养殖者敲响了警钟。

七、无害化处理政策

2017年7月，为了进一步规范病死及病害动物和相关动物产品无害化处理操作，防止动物疫病传播扩散，保障动物产品质量安全，根据《中华人民共和国动物防疫法》《生猪屠宰管理条例》《畜禽规模养殖污染防治条例》等有关法律法规，农业部制定了《病死及病害动物无害化处理技术规范》，涉及对病死及病害动物和相关动物产品必须进行无害化处理的方法。

无害化处理，是指用物理、化学等方法处理病死及病害动物和相关动物产品，消灭其所携带的病原体，消除危害的过程。

无害化处理的方法有焚烧法、化制法、高温法、深埋法、硫酸分解法。

深埋法是指将病死及病害动物和相关动物产品投入深坑中并覆盖、消毒的方法。深埋法适合小型猪场。

根据病死动物数量，挖1.5米以上深坑。坑底撒一层厚度2～5厘米的生石灰或漂白粉等消毒药。将动物尸体及相关动物产品投入坑内，最上层距离地表1.5米以上。深埋后，立即用氯制剂、漂白粉或生石灰等消毒药对深埋场所进行1次彻底消毒。第一周内应每日消毒1次，第二周起应每周消毒1次，连续消毒三周以上。图1-1至图1-6是无害化处理病死猪（深埋法+焚烧法）案例。

图1-1　挖1.5米以上深坑

图1-2　坑底撒一层厚度为5厘米的生石灰

图1-3　将动物尸体投入坑内

图1-4　焚烧动物尸体

图1-5　填埋

图1-6　表面消毒

任务三　了解猪的生物学特性

猪在动物分类学上属于动物界，脊索动物门，哺乳纲，偶蹄目，猪次目，猪科，猪属，猪种。猪属中包括许多野猪种和家猪，家猪起源于欧洲野猪和亚洲野猪。猪具有不同于其他家畜的生物学特征。养猪不了解猪的生物学特性就谈不上科学养猪，只有在了解的基础上为其创造各种适宜的条件，才能发掘其最大的生产潜力。

一、猪的生物学特性

（一）性成熟早，多胎高产

猪的性成熟比较早，一般4～5月龄达到性成熟，6～8月龄初次配种。一般我国地方猪种性成熟早于国外猪种。猪常年发情，多胎高产动物，妊娠期平均114天。母猪大多4～5月龄性成熟，6～8月龄初配，12月龄左右第一次产仔。平均一年产2胎，10头/胎，太湖猪平均14头/胎，最高纪录42头。

（二）生长速度快，沉积脂肪能力强

猪的初生重很小0.58～1.7千克，出栏5个月（160～170天）体重90～120千克，相当于初生重的80～100倍，而牛羊同期仅5～6倍。猪沉积脂肪能力强，特别是皮下，肾周围和肠系膜处沉积脂肪多，同样采食1千克淀粉，猪可沉积365克脂肪，牛可沉积248克脂肪。

（三）食性广，饲料转化率高

猪杂食性，以谷物饲料为主。猪的门齿、犬齿、臼齿发达。猪的胃属于肉食动物的单胃和反刍动物复胃之间的中间类型，这使得猪的食性很广，为杂食性。猪能广泛利用动植物和矿物质饲料，能充分利用各种农副产品、废渣，能有效利用残羹、剩饭。但猪并不是什么食物都吃，而是有选择的，猪能辨别口味，特别喜欢甜食、香食。猪胃内没有分解粗纤维的微生物，几乎靠大肠内的微生物分解，因此，猪对粗饲料中粗纤维的消化较差，而且饲料中粗纤维含量越高时，日粮的消化率也就越低。猪对精料中有机物的消化率一般可达70%以上，所以猪饲料以含碳水化合物较多的谷物饲料为主。

（四）听觉、嗅觉灵敏，视觉较差

猪的嗅觉非常灵敏，能辨别出各种气味。仔猪出生后通过嗅觉寻找乳头。仔猪出生后固定乳头吃奶后，一般整个哺乳期不变。母猪通过嗅觉辨别自己的仔猪，如果将其他仔猪寄养过来时，母猪会拒绝哺乳或攻击仔猪；当群内混入其他群个体时，猪能很快辨别出，并进行驱赶性攻击。

猪的听觉很灵敏，能辨别声音的强度、音调和节律，根据这一特点给予各种声响刺激进行调教能很快形成条件反射。猪对意外声响特别敏感，尤其是对吃喝有关的声响尤为敏感；对危险信号特别警觉，即使睡眠，一旦有意外声响，会立即惊醒。

猪的视觉比较差，视距、视野范围小。但如果环境出现对比色很强烈时，也表现敏感。饲养员的工作服避免大红大紫，以浅灰和浅蓝色为宜。

（五）猪的触觉遍布全身，痛觉很灵敏

猪的触觉全身都有，在觅食和相互往来中以吻相互接触来感觉信息，猪对痛觉较为敏感，且容易形成条件反射，如利用电围栏放牧，猪受1～2次轻微的电击后就再也不敢触围栏了。人若对猪过分粗暴，甚至棒打脚踢，猪就会躲避人，甚至伤害人，而且对这种记忆长久而深刻。

（六）对温湿度敏感，喜欢清洁，容易调教

小猪怕冷，大猪怕热。适合猪生活的最佳温度为21～22 ℃，猪舍适宜温度为15～22 ℃，相对湿度为50%～80%。饲养中根据不同阶段猪的需要，提供适宜的环境温度和湿度。

猪喜欢在阴暗潮湿的地方排泄，地点一旦固定很少改变。猪是喜欢清洁的动物，在栏舍内固定地方睡卧和排泄粪尿。因此在建造圈栏时，应设休息区和排泄区，并使排泄区略低于休息区，把饮水器安装在其中，引诱猪只在此区域排泄粪尿。

（七）定居漫游，群体位次明显

猪有群居生活的习性，合群性较强。群居生活加强了猪的模仿性。在群体中猪的强弱位次明显，合群或混群后会出现打斗，重新确定位次。但群内头数过多，则难以建立位次。

二、猪群类别划分

猪场为了有计划地组织生产和更好地进行猪群的饲养管理，按照年龄、体重、性别和用途划分为不同的猪群。

1.哺乳仔猪。出生后到断奶前的仔猪。

2.保育猪。断奶后至25千克左右或者70日龄的仔猪。

3.育成猪。70日龄或25千克左右仔猪至4月龄留作种用幼猪。

4.后备公猪。5月龄至初配前留作种用的公猪。

5.后备母猪。5月龄至初配前留作种用的母猪。

6.种母猪。又称为基础母猪，指第一胎产仔至检定合格，留作种用母猪。种母猪按照生产阶段划分：

（1）空怀母猪：仔猪断奶后至再次妊娠前的母猪。

（2）妊娠母猪：从卵子受精开始到分娩前的母猪。

（3）泌乳母猪：从分娩开始至仔猪断奶前的母猪。

种母猪又分为初产母猪和经产母猪，初产母猪指生产第一胎仔猪的青年母猪；经产母猪指生产两胎或两胎以上的母猪。

7.检定母猪。从初配开始至第一胎仔猪断奶的母猪。

8.种公猪。经检定合格留作种用的公猪。

9.生长育肥猪。又称为肉猪，专门用来生产猪肉的猪。根据生长阶段分为生长猪和育肥猪，其中生长猪指体重在25～60千克不作种用的猪；育肥猪指体重在60～90（120）千克以上的猪。

模块二 2 CHAPTER

猪场建设与环境控制

项目一　养猪环境及基本设施

猪场是从事养猪生产和经营活动的场所，猪场的规划设计，必须从场址选择、场区布局、猪舍及附属设施的设计和设备配套等方面综合考虑，才能为猪创造一个良好的生活生产环境。

任务一　场址规划与布局

一、场址选择

场址选择应根据猪场的性质、规模和任务，考虑场地的地形、地势、水源、土壤、当地气候等自然条件，同时应考虑饲料及能源供应、交通运输、产品销售、与周围工厂和居民点及其他畜禽场的距离、当地农业生产、猪场粪污无害化处理和排污条件能力等社会条件，应符合国家相关法律法规、当地土地利用发展规划和村镇建设发展规划，进行全面调查，综合分析后再做出决定。

（一）社会环境

社会环境对猪场的生存和发展有直接的影响，选择场址应注意考察分析拟建场地区的社会环境。

1.政府政策

了解清楚国家和当地政府的税收政策、资金扶持政策、资源政策、环保政策和土地政策等，特别要了解清楚该地区对养猪业发展在上述方面有无特殊政策以及优惠政策。

2.市场状况

主要搞清楚周围有哪些原料市场和产品销售市场，附近有无同类企业及其发展实力。还要考虑离竞争对手近些还是远些对占领和扩大市场有利等。

3.社会服务

主要指文化、教育、卫生、生活服务和各种公用设施的建设和发展情况。这些不仅是必不可少的，而且也将对职工产生强大的吸引力，在厂址选择上不可忽视。

4.当地建设规划

场址用地应符合当地城镇发展建设规划、土地利用规划要求和相关法律法规，以便统筹安排猪场附近未来的发展，避免可能出现的对外界污染或因城镇、交通的发展对猪场构成影响。

（二）场地条件

1.地形地势

猪场地形要求开阔整齐，有足够面积，如图2–1、图2–2所示。地形狭长或边角多都不便于场地规划和建筑物布局；面积不足会造成建筑物拥挤，给饲养管理，改善场区、猪舍环境，防疫、防火等造成不便。猪场生产区面积一般可按繁殖母猪每头45～50平方米或上市商品育肥猪每头3～4平方米考虑，猪场生活区、行政管理区、隔离区另行考虑，并须留有发展余地。

猪场地势要求较高、干燥、平坦、背风向阳、有缓坡。地势低洼的场地易积水潮湿，夏季通风不良，空气闷热，易滋生蚊蝇和微生物，而冬季则阴冷。有缓坡的场地便于排水，但坡度不大于25°为宜，以免造成场内运输不便。在坡地建场宜选背风向阳坡，以利于防寒和保证场区较好的小气候环境。

以下地段或地区严禁建场：规定的自然保护区、水源保护区、风景旅游区；受洪水或山洪威胁及泥石流、滑坡等自然灾害多发地带；自然环境污染严重的地区。

图2–1　小店猪场场区效果图

图2–2　小店猪场场区图

2.面积充足

占地面积应依据猪场生产规模、性质、工艺流程和场地的总体情况而定，且要为以后的进一步发展留有余地。

总占地面积一般按每头基础母猪60～70平方米或每头出栏商品猪3～4平方米确定；生产区面积一般按每头基础母猪40～50平方米或每头出栏商品猪2.5～3平方米确定。

3.水文地质条件

水源充足，水质良好，符合畜禽饮水标准。场址水源水量必须能满足场内生活用水、猪的饮水、饲养管理用水（如调制饲料、冲洗猪舍、清洗机具等）及绿化用水的需求。

（三）交通、电源便利

选择场址时既要求交通方便，又要求与交通干线保持适当的距离。一般来说，猪场距铁路，国家一、二级公路（如图2-3、图2-4）应不少于300～500米，距三级公路（如图2-5）应不少于150～200米，距四级公路（如图2-6）不少于50～100米。

图2-3　一级公路

图2-4　二级公路

图2-5　三级公路

图2-6　四级公路

猪场与居民点间的距离，一般应不少于300～500米，大型猪场（如万头猪场）应不少于1000米。猪场应处在居民点的下风向和地势较低处。与其他畜禽场间的距离，一般畜禽场应不少于150～300米，大型畜禽场间应不少于1000～1500米。

猪场要远离其他养殖场、屠宰场、皮革厂、动物医院、化工厂等有污染的单位，既要方便交通运输和生活，又有利于兽医卫生防疫和环境保护，同时对当地地方病和疫情有准确清楚的了解。距离场址2000～5000米以内应有380伏以上的高压电源。最好备有自备电源，自备电源的供电容量不低于全场用电负荷的四分之一。场址要有较方便的运输条件，如靠近公路、铁路及水路等。需要新建公路时，应选择最短距离为宜。

（四）排污与环保

我国养猪业的迅速发展，为市场提供了大量的畜产品，同时也产生了大量粪尿、污水等畜禽生产废弃物。根据我国农业农村部规划设计研究院的调研显示，规模化养殖场生猪从断奶到出栏饲养期约需6个月，每头生猪粪污产生量约为0.7吨。猪场粪尿已成为最严重、最突出的环境污染源之一，同时也严重制约着畜牧业的可持续发展，故场址的周围应有足够的农田、鱼塘、果园和林地等，以便就地消纳粪便污水，节省建设费用，防止环境污染，提高经济效益。

猪场粪污处理技术主要包括清粪方式、粪污储存技术、粪污处理技术三个方面。

1.猪场清粪方式

猪场粪污主要是猪群产生的粪便、尿液及冲栏污水。目前猪场的清粪方式主要有干清粪、水冲粪、水泡粪、发酵床技术等。

干清粪是粪便一经产生立刻分流，干粪由人工或机械收集、清扫、运走，尿及冲水则从下水道流出，分别进行处理。干清粪是养殖场采用的主要清粪方式。该工艺简单，用水量少，投资少。干清粪又分为人工清粪和机械清粪（如图2-7、图2-8）。人工清粪优点是简便，基建投入较低，用水量少，运行费用低，粪污利用彻底，粪尿分离，便于后期处理。但其劳动量大，效率低。适用于小型猪场、大型猪场的配怀舍和育肥舍。机械清粪优点是减轻劳动强度，节约劳动力，提高工效。但一次性投资较大，需要一定的运行维护费。主要适用于中型、大型猪场。

水冲粪的方法是每天用水冲洗圈舍，将粪尿一同冲洗流入粪沟，粪沟一端设有冲水器，每天定时冲洗粪沟，将粪沟内的粪污冲入排污主干道，最后进入粪池储存。优点是设备简单，投资少，劳动强度小，效率高易于保持舍内卫生。但水消耗量大，产生污水多，后续处理工艺复杂，同时容易造成舍内湿度大，漏粪地板下面不便消毒。

图2-7 机械清粪——清粪车

图2-8 机械清粪——清粪机

水泡粪也称自流式清粪，该工艺在水冲粪的基础上改造而来，在漏粪地板下设粪沟，粪沟注入一定量的水，粪尿、冲洗水一并排放在粪沟中，粪便在水的浸泡和稀释下成为粪液，储存一段时间后（一般夏天1～2个月，冬天2～3个月），待粪沟装满后，打开闸门，排出粪水，进行后期处理。优点是比水冲粪节约用水，劳动效率提高。但投资大，消耗水，舍内潮湿，有害气体浓度较高，增加后续处理污水的难度。

发酵床养殖（如图2-9）是用锯末、稻壳、秸秆等配以专门的微生物制剂来制作成垫料，猪在垫料上生活，粪尿排泄在垫料里，垫料里的有益微生物能迅速降解粪尿，不需要清粪和处理污水，从而没有任何废弃物排出场外，较好地解决了养殖场环境污染，同时改善猪的生活环境。优点是无污染，零排放，环保。但劳动量大，饲养密度低，易造成呼吸道疾病，发酵床的猪舍内不能使用化学消毒药和抗生素类药物，存在疫病发生的风险。适用于规模较小的猪场。

图2-9 发酵床养猪

2.猪场粪污储存技术

猪场粪污储存技术是猪场生产中必须经过的环节。粪便污水储存设施应建在猪场生产区及生活管理区的下风向或侧风向。粪污储存设施有传统粪池和覆膜储存两种技术。

3.猪场粪污处理技术

（1）种养结合型——干清粪＋堆肥发酵＋农田利用。采用机械或人工清粪，将粪便收集、清扫、运输至储粪棚堆肥发酵5～6个月，尿液或冲洗污水收集后在储存池存放5～6个月，粪便和尿液直接被农田利用。每亩土地年消纳粪便和尿液量不超过5头猪的产生量。本方法适合年出栏10000头以下的猪场，尤其是土地资源和农田丰富的中小散户。

（2）种养结合型——干清粪＋堆肥发酵＋沼气＋农田利用。将粪便与污水分开处理，粪便及时铲出后经自然干化、异位堆肥发酵、高温曝气等工艺，通过自然微生物或接种微生物将猪粪完全腐熟，生产有机肥。污水经厌氧发酵产生沼气用于发电，沼液经暂存净化后用于农田。该模式适用于年出栏万头以上大型规模养猪场。

（3）发酵床直接处理粪尿型。当垫料达到使用期限后，将垫料彻底清出并作为有机肥出售。

二、场地规划

场地选定后，根据有利防疫、改善场区小气候、方便饲养管理、节约用地等原则，考虑当地气候、方向、场地的地形地势、猪场各种建筑物和设施的大小及功能关系，规划全场的道路、排水系统、场区绿化等，安排各功能区的位置及每种建筑物和设施的位置和朝向。

猪场一般可分为四个功能区，即生产区、生产管理区、隔离区、生活区。为便于防疫和安全生产，应根据当地全年主风向与地势，顺序安排以上各区，即生活区→生产管理区→生产区→隔离区，如图2-10至图2-12。

（一）生活区

包括文化娱乐室、职工宿舍、食堂等。此区应设在猪场大门外面。为保证良好的卫生条件，避免生产区臭气、尘埃和污水的污染，生活区设在上风向或偏风方向以及地势较高的地方，同时其位置应便于与外界联系。

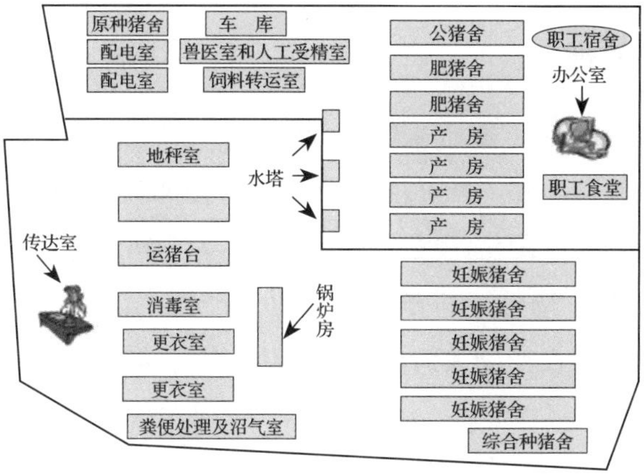

图2-10　北京市实验猪场平面图

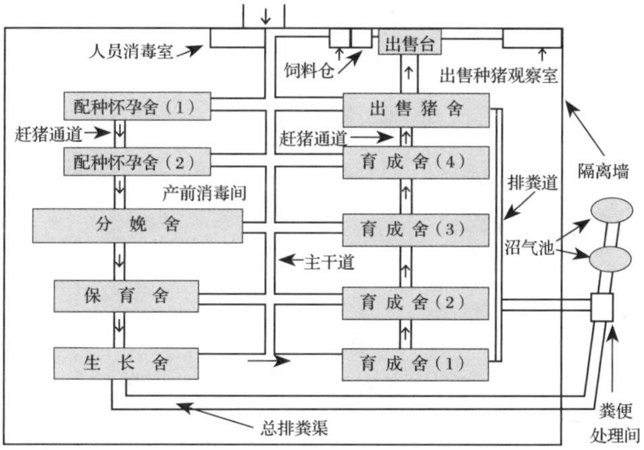

图2-11　吉湖万头猪场平面图

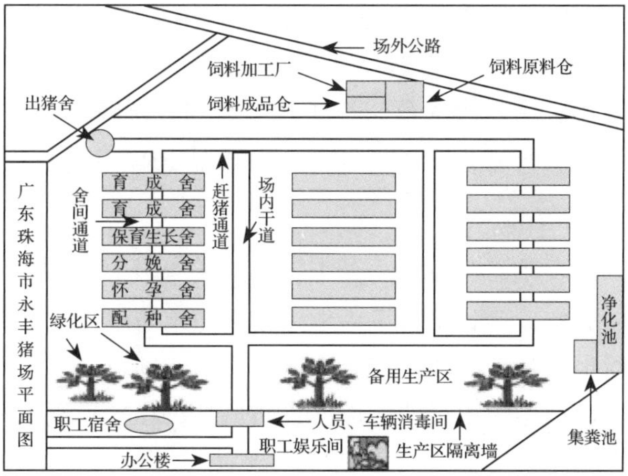

图2-12　永丰猪场平面图

（二）生产管理区

包括行政和技术办公室、接待室、饲料加工调配车间、饲料储存库、办公室、水电供应设施、车库、杂品库、消毒池、更衣消毒和洗澡间等。该区与日产饲养工作关系密切，距生产区距离不宜太远。饲料库应靠近进场道路，并在外侧墙上设卸料窗，场外运料车辆不许进生产区，饲料由卸料窗入料库；消毒、更衣、洗澡间应设在场大门一侧，进生产区人员一律经消毒、洗澡、更衣后方可入内。

（三）生产区

包括各类猪舍和生产设施，也是猪场的最主要区域，严禁外来车辆进入生产区，也禁止生产区车辆外出。各猪舍由料库内门领料，用场内小车运送。在靠围墙处设装猪台，售猪时由装猪台装车，避免外来车辆进场。生产区各类猪舍根据风向与地势，按照生产工艺流程安排：种猪舍→配种舍→妊娠舍→分娩舍→保育舍→生长舍→肥育舍。

（四）隔离区

包括兽医室和隔离猪舍、尸体剖检和处理设施、粪污处理及贮存设施等。该区是卫生防疫和环境保护的重点，应设在整个猪场的下风或偏风方向、地势低处，以避免疫病传播和环境污染。

在猪场设计中，隔离区最好坐落在生产区的边界之外。隔离舍与大群之间的理想距离是4.8千米，至少也要达到400米。从布局上应考虑主流风向，确保不会将污染从隔离设施带到大群。引进种猪应与大群隔离不少于8周，其中前四周完全隔离，在第四周时由兽医对猪进行采血检测，检测结果出来之前，不能将猪群从隔离舍转出。

场内道路应分设净道、污道，互不交叉。净道用于运送饲料、产品等，污道则专运粪污、病猪、死猪等。场内道路要求防水防滑，生产区不宜设置直通场外的道路，而生产管理区和隔离区应分别设置通向场外的道路，以利于卫生防疫。场区绿化可按冬季主风的上风向设防风林，在猪场周围设隔离林，猪舍之间、道路两旁进行绿化。

任务二　猪舍设计

一、猪舍类型

猪舍设计要求在寒冷地区以保暖防潮为主；在炎热地区以隔热防潮为主。猪舍排列和布置必须符合生产工艺流程要求。一般按配种舍、妊娠舍、分娩舍、保育舍、生长舍和肥育舍依次排列，尽量保证一栋猪舍一个工艺环节，从而便于管理和防疫。

（一）猪舍的基本结构

包括地面、墙、门窗、屋顶等，这些又统称为猪舍的“外围护结构”。猪舍的小气候状况，在很大程度上取决于外围护结构的性能。

1.地面

地面要求保温、坚实、不透水、平整、防滑、耐腐蚀、便于清扫和清洗消毒；地面应斜向排粪沟，坡度为2°～3°，以利保持地面干燥。猪舍地面分实体床面和漏缝地板。

（1）实体床面。若采用土质地面、三合土地面或砖地面，虽然保温好，费用低，但不坚固、易透水、不便于清洗和消毒；若采用水泥地面，虽坚固耐用，易清洗消毒，但保温性能差。实体地面不适用于保育仔猪和幼龄猪。

（2）漏缝地板。漏缝地板有钢筋混凝土板条、钢筋编织网、钢筋焊接网、塑料板块、陶瓷板块等。漏缝地板要求是耐腐蚀、不变形、表面平而不滑、导热性小、坚固耐用、漏粪效果好、易冲洗消毒。适用于所饲养的猪行走站立不卡猪蹄。

2.墙壁

墙体要求结构简单、保温隔热、内墙面应平整光滑、便于清洗消毒。猪舍墙壁可用红砖或水泥砖砌成并在墙壁表面和地面抹上水泥，便于冲洗消毒。猪场门口应建消毒池，与门口等宽，长度不少于出入车轮周长的2.5倍，最深处15～20厘米，混凝土结构坚固、不渗水。各类猪舍间距是舍高的3～5倍。

3.屋顶

屋顶具有遮挡风雨和保温隔热作用。要求坚固，有一定承重能力，不透风、不漏水，耐火，结构轻便。猪舍加吊顶可提高保温隔热性能。

4.门窗

猪舍设门有利于猪的转群、运送饲料、清除粪便等。一栋猪舍应有两个外门，一般设在猪舍的两端墙上，门向外开，门外设坡道而不应有门槛、台阶。冬季应加设门斗。窗户主要用于采光和通风换气。

5.猪舍通道

猪舍通道即猪舍内为饲喂、清粪、进猪、出猪、治疗观察及日常管理等作业留出的道路。猪舍通道分为饲喂通道、清粪通道和横向通道三种。从卫生防疫角度考虑饲喂通道和清粪通道应该分开设置。采用水冲清粪和往复式刮粪板清粪的猪舍可以不留清粪通道。当猪舍较长时，为了提高作业效率，还应设置横向通道。

6.猪舍高度

猪在舍内的活动空间是地面以上1米左右的高度，该区域内的空气环境（温、湿度和空气质量）对猪的影响最大，而工作人员在舍内的适宜操作空间是地面以上2米左右的高度。为了使舍内保持较好的空气环境，必须有足够的舍内空间，空间过大不利于冬季保温，空间过小不利于夏季防暑。猪舍高度一般为2.2～3.0米。由于对流作用热空气上升，猪舍上部的空气温度通常高于猪活动区。因此，在以冬季保温为主的寒冷地区，适当降低猪舍高度有利于提高其保温性能；而在以夏季隔热为主的炎热地区，适当增加猪舍高度有利于使猪产生的热量迅速散失，同时又使得通过屋顶传到猪舍的太阳辐射不宜到达猪的活动区，从而增强猪舍的降温隔热性能。

（二）猪舍建筑常见类型

1.按屋顶形式划分

可分为单坡式、双坡式、不等坡式、联合式、平顶式、拱顶式、钟楼式、半钟楼式等。

2.按墙的结构划分

可分为开放式、半开放式和密闭式。

（1）开放式。三面有墙，一面无墙，其结构简单，通风采光好，造价低，但冬季防寒困难。这种猪舍实际上是个棚，由支柱和屋顶组成，地面间隔成猪栏，不设墙只设栅栏或矮墙。结构简单，通风透光好，舍内有害气体容易排出，节省材料，造价低。但由于猪舍不封闭，猪舍内的气温随着外界变化而变化，不能人为控制，尤其北方冬季寒冷，对猪的繁殖与生长会造成不利的影响。另外，跨度小，占用面积相对较大。适于炎热地区各类猪的饲养和温暖地区成年猪的饲养，但需做好屋顶的隔热设计。开放式猪舍如图2-13所示。

（2）半开放式。三面有墙，一面设半截墙，保温略优于开放式。冬季若在半截墙以上挂草帘或钉塑料布，能明显提高其保温性能。半开放式猪舍建造简单，投资少，见效快，很受小型养殖户欢迎。半开放式猪舍如图2-14、图2-15所示。

图2-13 开放式猪舍

图2-14 半开放式猪舍

图2-15 半开放式猪舍

（3）密闭式。分为有窗式和无窗式。有窗式四面设墙，窗设在纵墙上，窗的大小、数量和结构应结合当地气候而定。一般北方寒冷地区，猪舍南窗大，北窗小，以利保温。为解决夏季有效通风，夏季炎热地区还可在两纵墙上设地窗，或在屋顶上设风管，通风屋脊等。有窗式猪舍保温隔热性能好。无窗式四面有墙，墙上只设应急窗（停电时使用），与外界自然环境隔绝程度较高，舍内的通风、采光、舍温全靠人工设备调控，能为猪提供较好的环境条件，有利于猪的生长发育，提高生产率，但这种猪舍建筑、装备、维修、运行费用大。母猪分娩舍和仔猪保育舍可采用。密闭式有窗户猪舍如图2-16所示，密闭式无窗户猪舍如图2-17、图2-18所示。

图2-16 密闭式有窗户猪舍

图2-17 密闭式无窗户猪舍

图2-18 密闭式无窗户猪舍

3.按猪栏排列划分

可分为单列式、双列式和多列式。

（1）单列式。猪舍猪栏排成一列，一般靠北墙设饲喂走道，舍外可设或不设运动场，跨度较小，结构简单，省工省料造价低，但不适合机械化作业。

（2）双列式。栏排成两列，中间设一工作道，有的还在两边设清粪道。

猪舍建筑面积利用率高，保温好，管理方便，便于使用机械。但北侧采光差，舍内易潮湿。

（3）多列式。猪栏排列成三列以上，猪舍建筑面积利用率更高，容纳猪多，保温性好，运输路线短，管理方便。缺点是采光不好，舍内阴暗潮湿，通风不畅，必须辅以机械，人工控制其通风、光照及温湿度。

4.按使用功能划分

可分为公猪舍、配种猪舍、妊娠猪舍、分娩哺乳猪舍、保育猪舍、生长猪舍、肥育猪舍、隔离猪舍、兽医室和化验室。配怀舍如图2-19所示，分娩哺乳猪舍如图2-20所示，保育舍如图2-21所示，肥育舍如图2-22所示。

图2-19　配怀舍

图2-20　分娩哺乳猪舍

图2-21　保育舍

图2-22　肥育舍

二、猪舍设备

猪场的设备主要包括猪栏、漏缝地板、饲喂设备、饮水设备、饲料加工设备、供暖通风设备、清洗消毒、粪便处理系统、兽医防疫设备等。

（一）猪栏

猪栏是养猪场的基本生产单元，它可以将猪限制在一个特定的范围内活动，以便对其进行管理。根据所用材料的不同，分为实体猪栏、栏栅式猪栏和综合式猪栏三种形式。

实体猪栏采用砖砌结构（厚120毫米，高1000～1200毫米）外抹水泥，或采用水泥预制构件（厚50毫米左右）组装而成；栏栅式猪栏采用金属型材料焊接成栏栅状再固定装配而成；综合式猪栏是以上两种形式的猪栏综合而成，两猪栏相邻的隔栏采用实体结构，沿喂饲通道的正面采用栏栅式结构。

根据猪栏内所养猪只种类的不同，猪栏又分为公猪栏、母猪栏、母猪分娩栏、保育猪栏、生长猪栏和肥育猪栏。

1.公猪栏

指饲养公猪的猪栏。按每栏饲养1头公猪设计，一般栏高1.2～1.4米，占地面积6～7平方米。

2.母猪栏

指饲养后备、空怀和妊娠母猪的猪栏，按要求分为群养母猪栏、单体母猪栏和母猪分娩栏三种。

（1）群养母猪栏。通常6～8头母猪占用一个猪栏，栏高为1.0米左右，每头母猪所需面积1.2～1.6平方米。主要用于饲养后备和空怀母猪，也可饲养妊娠母猪，但要注意防止抢食而引起流产。群养母猪栏如图2-23所示。

图2-23　群养母猪栏

（2）单体母猪栏。每个栏中饲养1头母猪，栏长2.0～2.3米，栏高1.0米，栏宽0.6～0.7米。主要用于饲养妊娠母猪。单体母猪栏如图2-24所示。

（3）母猪分娩栏。饲养分娩哺乳母猪的猪栏，主要由母猪限位架、仔猪围栏、仔猪保温箱和网床四部分组成。其中母猪限位架长2.0～2.3米，宽0.6～0.7米，高1.0米；仔猪围栏的长度与母猪限位架相同，宽1.7～1.8米，高0.5～0.6米；仔猪保温箱是用水泥预制板、玻璃钢或其他具有高强度的保温材料，在仔猪围栏区特定的位置分隔而成。母猪分娩栏如图2-25所示。

自由式产床设计

图2-24　单体母猪栏

图2-25　母猪分娩栏

3.保育栏

饲养保育猪的猪栏，主要由围栏、自动食槽和网床三部分组成。按每头保育仔猪所需网床面积0.30～0.35平方米设计，一般栏高为0.7米左右。仔猪保育栏如图2-26所示。

图2-26　仔猪保育栏

4.生长栏和肥育栏

饲养生长猪和肥育猪的猪栏。猪只通常在地面饲养，栏内地面铺设局部漏缝地板或金属漏缝地板，其栏架有金属栏和实体式两种结构。一般生长栏高0.8～0.9米，肥育栏高0.9～1.0米。其占地面积生长猪栏按每头0.6～0.9平方米，肥育栏按每头0.8～1.2平方米设计。

以上各类猪栏在舍内的布局应根据猪场饲养规模、猪舍类型和管理要求而合理安排。常见布局方式有单列式、双列式和多列式三种。

（二）饲喂设备

合适的饲槽可以节省饲料，提高猪的采食均匀度。饲槽要求构造简单、坚固耐用、表面光滑、便于清扫和消毒，按用途分为自由采食和限量食槽两种；按材质可分为水泥饲槽、金属饲槽等；按饲用功能主要有间歇添料饲槽、自动落料饲槽等。

1.限量饲槽

采用金属或水泥制成，每头猪喂饲时所需饲槽的长度大约等于猪肩宽。

2.间歇添料饲槽

条件较差的一般猪场采用，分为固定饲槽和移动饲槽。一般为水泥浇注固定饲槽。饲槽一般为长形，每头猪所占饲槽的长度应根据猪的品种、年龄而定。较为规范的养猪场都不采用移动饲槽。集约化、工厂化猪场，限位饲养的妊娠母猪或泌乳母猪，其固定饲槽为金属制品，且固定在限位栏上。

3.方形自动落料饲槽

一般条件的猪场不用这种饲槽，它常见于集约化、工厂化的猪场。方形落料饲槽有单开式和双开式两种。单开式的一面固定在走廊的隔栏或隔墙上；双开式则安放在两栏的隔栏或隔墙上，自动落料饲槽一般为镀锌铁皮制成，并以钢筋加固，否则极易损坏。

4.圆形自动落料饲槽

圆形自动落料饲槽用不锈钢制成，较为坚固耐用，底盘也可用铸铁或水泥浇注，适用于高密度、大群体生长育肥猪舍。

（三）饮水设备

猪用自动饮水器的种类很多，有鸭嘴式、杯式、乳头式等。由于乳头式和杯式自动饮水器的结构和性能不如鸭嘴式饮水器，目前普遍采用的是鸭嘴式自动饮水器。它主要由阀体、阀芯、密封圈、回位弹簧、塞和滤网组成。鸭嘴式饮水器如图2-27所示，杯式饮水器如图2-28所示，乳头式饮水器如图2-29所示。

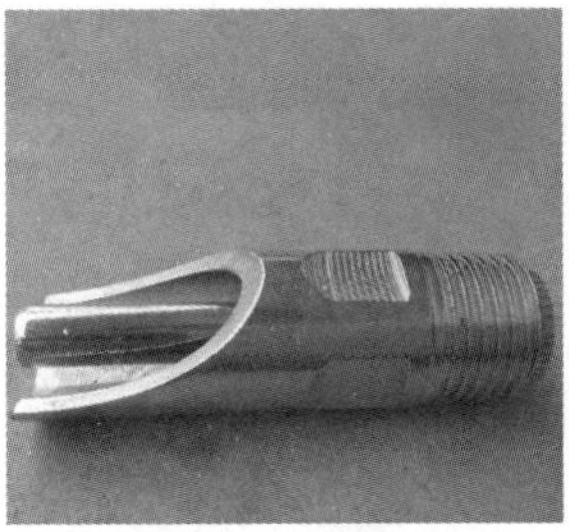

图2-27　鸭嘴式

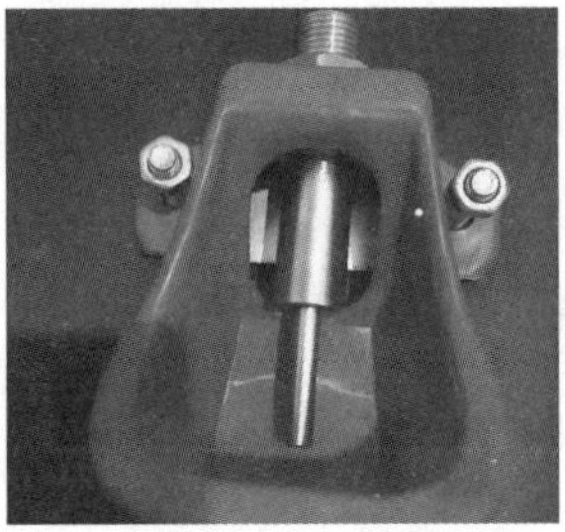

图2-28　杯式

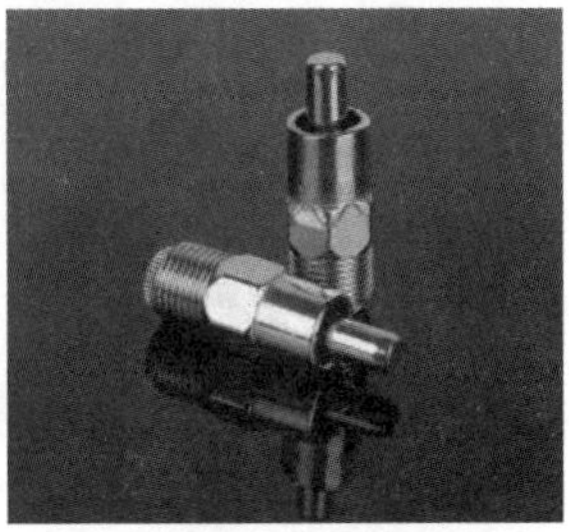

图2-29　乳头式

（四）环境控制设备

1.供热保温设备

猪舍的供暖，分集中供暖和局部供暖两种方法。集中供暖主要利用热水、蒸汽、热空气及电能等形式。在我国养猪生产实践中，多采用热水供暖系统，该系统包括热水锅炉、供水管路、散热器、回水管及水泵等设备。局部供暖最常用的有电热箱、电热地板、红外线灯等设备。

2.通风降温设备

指为了排除舍内的有害气体，降低舍内的温度和控制舍内的湿度等使用的设备。

（1）通风机配置。利用风机强制进行猪舍内外的空气交换，常用的机械通风有正压通风、负压通风和联合通风三种。正压通风是用风机将猪舍外新鲜空气强制送入舍内使舍内气压增高，舍内污浊空气经排气口（管）自然排走的换气方式。负压通风是用风机抽出舍内的污浊空气，使舍内气压相对小于舍外，新鲜空气通过进气口（管）流入舍内而形成舍内外的空气交换。联合通风是同时进行机械送风和机械排风的通风换气方式。

（2）湿帘—风机降温系统。利用水蒸发降温原理为猪舍进行降温的系统，由湿帘、风机、循环水路和控制装置组成。湿帘是用白杨木刨花、棕丝布或波纹状的纤维制成的能使空气通过的蜂窝状板。在使用时湿帘安装在猪舍的进气口，与负压机械通风系统联合为猪舍降湿。

（3）喷雾降温系统。利用高压水雾化后飘浮在猪舍中吸收空气的热量使舍温降低的喷雾系统，不但起降温作用，又能净化空气。

（五）清洗消毒设备

1.自动清粪设备

用刮板等机械将粪污清至猪舍的一端或直接清至舍外。常用的清粪设备有链式刮板清粪机、往复式刮板清粪机、螺旋绞龙清粪机。

2.冲水设备

采用水冲方式清粪。常用的有自动翻水斗和虹吸自动冲水器。

3.粪尿水固液分离机

固液分离机有倾斜筛式粪水分离机、振动式粪水分离机、回转滚筒式和压榨式粪水分离机等。

4.火焰消毒器

利用高温火焰对设备或猪舍进行瞬间的高温喷烧，以达到消毒杀菌的目的。

5.喷雾消毒机

用于杀虫，气雾免疫，空气加湿，降尘除菌等。

6.紫外线消毒灯

对人员和物品消毒。在对人员消毒时一定要控制好时间，时间太短不能起到消毒效果，时间长了会对人产生伤害。一般消毒时间为15～20分钟。

7.高压喷雾

人员通道消毒系统　该设备代替传统消毒模式，提高了人员消毒的可靠性。高压喷出的微雾，颗粒直径在10～115微米，既不会打湿衣服，又能使全身接触到微雾而达到彻底消毒的效果。

8.沼气发生设备

指利用厌氧微生物的发酵作用处理各类有机废物并制取沼气的工程设备。

9.死猪处理设备

常用的死猪处理设备有化尸池、焚化炉。焚化炉如图2-30所示，化尸池如图2-31所示。

图2-30　焚化炉

图2-31　化尸池

（六）其他常用设备

1.饲料加工设备

粉碎机、制粒机、搅拌机等。

2.运输工具

仔猪运输车、运猪车和粪便运输车等。

3.兽医设备及日常用具

检疫、检验和治疗设备，人工授精相关仪器，兽用B超、A超、活体背膘检测仪、活体肌内脂肪测定仪、断尾钳、断牙钳、耳标钳、抓猪器等。

三、水电配给

猪场的生产消耗指标如表2-1所示。

表2-1　养猪场生产消耗指标

项目名称	单位	消耗指标
用水量	每头母猪年需量 / 米^3	70～100
用电量	每头母猪年需量 / 千瓦·时	100～120
用料量	每头母猪年需量 / 吨	5.0～5.5

注：参考NY/T 1568—2007标准化规模养猪场建设规范。

模块三

3

CHAPTER

猪的品种识别与杂交利用

项目一　猪的经济类型与主要品种

了解和掌握不同品种猪的特征和性能，是选择和利用品种的前提。按照经济用途可将品种分为瘦肉型、脂肪型和肉脂或脂肉兼用型三种。国外引入品种属瘦肉型，国内培育品种多属兼用型，国内地方品种属脂肪型。

一、猪的经济类型

根据不同猪种生产肉脂的性能和相应的体躯结构特点，将猪种的类型按经济用途划分为三种：瘦肉型、脂肪型和兼用型。

（一）瘦肉型

此类型猪，腿臀发达，肌肉丰满，背腰平直或稍弓。胴体瘦肉率大于56%，背膘厚度1.5～3.5厘米。猪的中躯呈长方形，有的体长大于胸围15厘米以上。

（二）脂肪型

此类型猪的体形短、宽、矮、肥。胴体瘦肉率小于45%，脂肪型猪能产生大量脂肪。猪的中躯呈正方形，体长与胸围基本相等，且两者之差不超过2厘米，背膘厚度在4厘米以上，体质细致。

（三）兼用型

分为肉脂兼用型和脂肉兼用型。胴体中瘦肉和脂肪的比例基本一致为45%～55%，体形特点介于脂肪型和瘦肉型两者之间。

二、中国地方猪种类型

我国幅员辽阔，地形复杂，气候多变，人们的消费习惯千差万别，经过长期的自然选择和人工选育，形成了许多优良的地方猪种。

根据我国猪种的起源、分布、外形特征和生产性能以及品种所在地区的自然地理、社会经济、农业生产和饲养管理条件，将其划分为六大类型：华北、华南、华中、江海、西南和高原型。

（一）华北型

主要在秦岭、淮河以北。包括东北、华北、内蒙古、新疆、宁夏，以及陕西、湖北、安徽等地。

特征：被毛多为黑色，体躯较大，四肢粗壮，腰背窄而平直；嘴筒较长，耳大而下垂，额间多纵形皱纹；皮厚，鬃毛粗长，冬季密生绒毛，抗寒力强。乳头8对左右，产仔数12头以上，母性强，泌乳性能好，耐粗饲，消化能力强。

代表：民猪、八眉猪、黄淮海黑猪、汉江黑猪和沂蒙黑猪等。民猪如图3-1所示，八眉猪如图3-2所示。

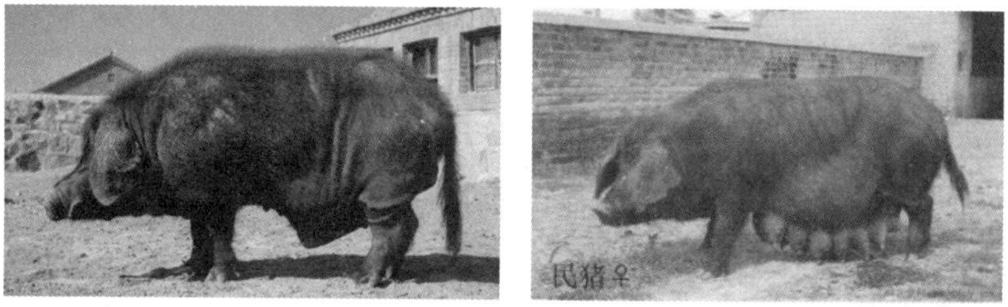

图3-1　民猪（左♂，右♀）

图3-2　八眉猪（左♂，右♀）

1.八眉猪。八眉猪中心产区为陕西泾河流域、甘肃陇东和宁夏的西海固地区，属于华北型猪种。根据体形外貌可分为大八眉、二八眉和小伙猪三个类型。被毛黑色，头狭长，耳大下垂，额有横行“八”字皱纹；体形中等大，四肢结实，乳头多为6对，经产母猪窝产仔猪12头以上，在饲养条件较好时，8月龄体重可达75千克，料肉比3.85，瘦肉率43.17%。具有适应性强，抗逆性好，肉质优良，腹脂沉积能力强，耐粗饲，遗传性稳定等特点，但生长缓慢，背膘厚达8厘米，花板油达20～25千克。与国外引入品种杂交效果良好。近年来，由于广泛开展杂种优势利用，八眉猪已日趋减少。

2.河西黑猪。河西猪种有大型、小型之分。大型猪已绝种。小型猪以体形小、结构紧凑、皮薄、骨细、外形清秀为特点。颈长而单薄，鬐甲明显突起，背窄胸浅，背凹，肋骨弓圆，腹大下垂，臀部倾斜，后肢较前肢高，体形略呈前小后大的梯形。前肢端正，后肢软弱呈刀状，多卧系，是一个血统来源复杂的小型地方品种。河西猪属我国地方猪品种，中体格、体重较小，性成熟早，母猪可利用10年以上，产仔数多，成活率高，屠宰率较低，肉红色，肉质细嫩，呈大理石结构，口味佳美，皮薄骨轻。母猪护仔强，耐粗性差，挑剔饲料，喜食精细的各种熟食，不喜食青绿饲料。河西黑猪如图3-3所示。

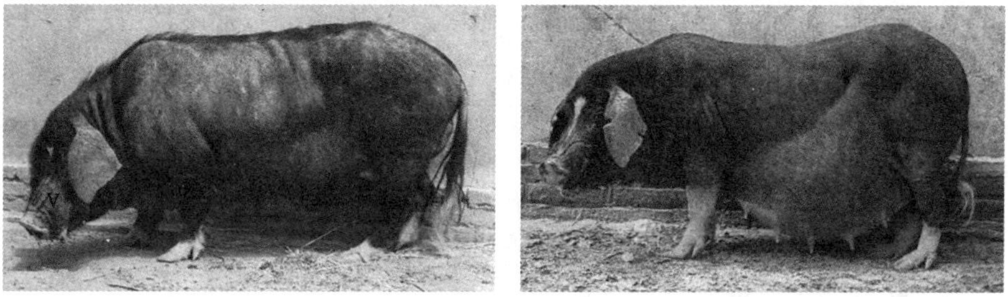

图3-3　河西黑猪（左♂，右♀）

（二）华南型

特征：体躯小，有矮短肥宽圆的特点，背腰凹陷，腹大下垂到地面，耳小自立，被毛以黑白花为主。繁殖力低，每胎6～10头。

代表：华南猪有两广小花猪、滇南小耳猪、海南猪、香猪等。

（三）华中型

特征：界于华北型与华南型之间。

代表：华中两头乌猪、浙江金华猪、广东大花白猪等。

（四）江海型

特征：毛色由北向南由全黑逐步向黑白花过渡，个别有全白者。骨粗壮，皮厚而松，多皱，耳大下垂。繁殖率高，窝产仔13～15头。

代表：太湖猪、姜曲猪、虹桥猪等。

太湖猪：主要分布于太湖流域，为全世界产仔数最多的猪种，可分为二花脸猪、梅山猪、枫泾猪、嘉兴黑猪。

太湖猪耳大，下垂，耳尖可达到嘴角。额部和后躯有明显皱褶，体躯较长，背腰微凹，腹大下垂，皮肤多呈紫红色。被毛稀疏，毛色全黑或青灰色，也有四蹄或尾尖为白色的。四肢稍高。乳头8～9对。太湖猪如图3-4所示。

太湖猪遗传性能较稳定，与瘦肉型猪种结合杂交优势强。最宜作杂交母体。

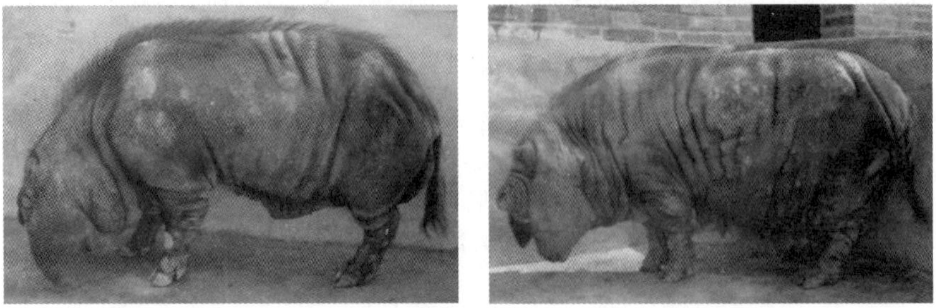

图3-4　太湖猪（二花脸）（左♂，右♀）

（五）西南型

特征：毛色为全黑或黑白花和少量红毛猪。头大，额部多有旋毛。体形中等，头颈粗短。产仔不多，每窝8～10头。

代表：荣昌猪、内江猪、乌金猪等。

（六）高原型

特征：体躯小，头小嘴尖，耳小直立，四肢强健，反应灵敏，被毛多为黑色。粗长，冬季生有绒毛。形似野猪。产仔数5～6头。生长慢，成年体重小。

代表：藏猪、合作猪。

合作猪：又称蕨麻猪，主要产于甘肃省甘南藏族自治州。以放牧为主的高原小型原始地方品种，是藏猪的一个地方类群。被毛多为黑色，鬃长而坚韧，头窄长，嘴长而尖，犬齿发达，耳小直立，颈和体躯较短，胸较狭窄，背腰平直或微弓，臀窄而倾斜，四肢长短适中；乳头4～6对。经产母猪窝产仔5～6头，生长缓慢，当年体重仅20～25千克，成年猪体重约30千克。具有奔走迅速、不易疲劳、防御敌害，不惧暴晒和风雪，跳墙越崖等特殊性能，特别适合在粗放管理的放牧条件下饲养。近交程度高，适合开发实验动物和医用动物。皮薄，瘦肉率达65%，微黏不腻，味香鲜美，用仔猪做成的“烤乳猪”是西北名菜之一。合作猪如图3-5所示。

图3-5　合作猪（左♂，右♀）

（七）野猪

野猪虽是野生动物，不属于地方品种，但目前有些地方开始进行驯养和杂交利用，故在此略加介绍。野猪又称山猪，广泛分布于世界各地，由于人类猎杀与生存环境空间急剧减缩等因素，目前数量已经减少，并已经被许多国家列为濒危物种。野猪被毛棕褐或灰黑色，因地区而略有差异；野猪耳披有刚硬而稀疏的针毛，背脊鬃毛较长而硬；头较长，耳小并直立，鼻吻部突出似圆锥体；犬齿发达，雄性上犬齿外露，呈獠牙状；身躯健壮，四肢粗短，每脚有4趾，具硬蹄，仅中间2趾着地；尾细短。野猪不仅与家猪外貌极为不同，生长速度也远比家猪慢得多，母野猪一般18个月性成熟，公野猪则要3～4年，成年野猪体重在90～130千克，乳头一般为6～7对，年产2窝，窝产仔猪6～10头。食性广泛，只要能吃的东西都吃。野猪肉颜色鲜亮，肉质鲜嫩香醇，野味浓郁，低脂肪、高蛋白，富含多种维生素、氨基酸、微量元素等，其中亚油酸含量高于家猪的2.5倍。随着人们生活水平的提高和对肉质的要求，一些地方开始驯养野猪，并开展与家猪的杂交实验（有些地方将野公猪与家母猪杂交的杂种猪称为特种野猪），以期利用野猪肉质好的特性。目前，饲养野猪的前景和效益尚不明朗，炒种成分较多，引种饲养需要谨慎。

三、我国地方猪种的特点

与国外猪种相比，我国猪具有以下优良遗传特性。

1.繁殖力强。地方品种性成熟早、产仔数多、母性好、使用年限长。

2.适应性强。地方品种耐粗饲、耐寒、耐热，抗应激性强，抗病力好。

3.肉质优良。地方品种肌肉颜色鲜红，无PSE肉、系水力强，肌肉大理石纹适中，肌内脂肪含量高。

我国地方品种也存在很多缺点，如体形矮小、生长速度慢、饲养周期长、瘦肉率低、皮厚等。

四、培育品种

国内培育品种主要指新中国成立以后，利用我国的地方品种与国外引进品种杂交选育而成的新品种、新品系。我国育成的新品种有38个，主要有哈尔滨白猪、三江白猪、湖北白猪、上海白猪、北京黑猪、甘肃白猪和甘肃黑猪等。在此主要将甘肃的培育品种进行介绍。

培育新品种目的是保留我国地方品种猪的优点，改掉缺点。培育品种能较好地适应本地区的气候、饲养管理条件，繁殖力高、肉质好、抗病力和适应性都较强。

1.哈白猪。具有较强的抗寒和耐粗饲能力，育肥期生长快、耗料少，母猪产仔和泌乳性能好。

2.三江白猪。被毛白色，适应性强，抗寒、适应高温、高湿等气候，生长速度快，耗料少、瘦肉率高、肉质良好、繁殖力高。是我国培育的第一个瘦肉型品种。

3.湖北白猪。体形较大，被毛白色，适应夏季高温和冬季湿冷的气候，耐粗饲、肉质良好、繁殖力高。

4.上海白猪。体形中等，被毛白色，肉脂兼用型，产仔数多、生长快、屠宰率和瘦肉率高，猪皮优质，适应性强，适应夏季高温和冬季湿冷的气候。

5.北京黑猪。肉脂兼用型，被毛黑色，肉质优良、适应性强。

6.甘肃白猪。产于甘肃省，是以苏联大白猪、长白猪作为父本，与武威、临夏本地猪作为母本进行反复杂交而育成。属于肉脂兼用型品种。被毛白色，头型小，耳向前倾，背腰较长，后躯丰满，四肢直立端正，有效乳头6对以上，经产母猪窝产仔数9.74头，20～90千克，育肥期日增重648克，料肉比3.59，胴体瘦肉率52.53%。具有繁殖力高、抗逆性强、肉质好等优点。在杂交中主要作为杂交母本利用，与杜洛克、汉普夏、长白和大约克公猪杂交效果良好。近年又选育成了甘肃白猪瘦肉型新品系。甘肃白猪如图3-6所示。

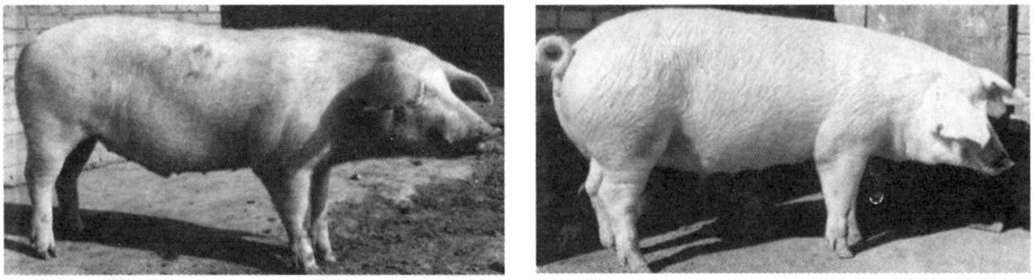

图3-6　甘肃白猪（左♂，右♀）

7.甘肃黑猪。产于甘肃省，是以英国巴克夏猪、苏联大白猪作为父本与平凉、庆阳、武威本地猪作为母本进行反复杂交而育成。属肉脂兼用型品种。被毛全黑，头略大，嘴稍长，额头间少行横纹，耳大下垂，头颈结合良好，中躯较长，背腰平直，腹部略下垂，四肢粗壮结实，臀部较丰满，乳头数7对，经产母猪窝产仔数9.8～11.4头，20～90千克，育肥期日增重668克，料肉比3.62，屠宰率71.7%，胴体瘦肉率50.96%。具有产仔数多、适应性强、肉质好等优点。在杂交中主要作杂交母本利用。与杜洛克、汉普夏、长白和大约克公猪杂交效果良好。近年又选育成了甘肃黑猪瘦肉型新品系。甘肃黑猪如图3-7所示。

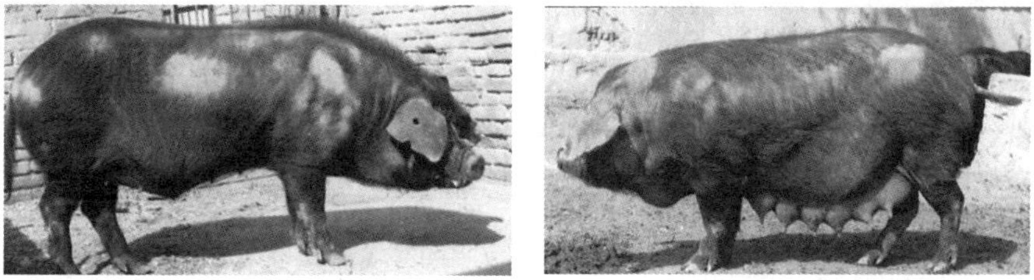

图3-7　甘肃黑猪（左♂，右♀）

8.华特配套系猪。国内培育的配套系猪主要有北京养猪育种中心的中育配套系、深圳农牧公司的深农配套系、深圳光明猪配套系、甘肃农业大学的华特配套系等。

华特配套系猪是甘肃省“八五”期间由甘肃农业大学育成，1999年通过甘肃省畜禽品种审定委员会审定。华特配套系猪包括A、B、C、D四个专门化品系，D系（杜洛克）为父系的父系，A系为父系的母系，B系为母系的父系，C系为母系的母系。DA为杂交父系，BC为杂交母系，DABC杂交猪为最终产品。商品猪175日龄体重达100千克，料肉比3.38，瘦肉率60.50%，肉质良好。华特猪A系如图3-8所示，华特猪B系如图3-9所示，华特猪C系如图3-10所示。

图3-8　华特猪A系（左♂，右♀）

图3-9　华特猪B系（左♂，右♀）

图3-10　华特猪C系（左♂，右♀）

五、引入品种

目前我国引入的品种主要有长白猪、大白猪、杜洛克、皮特兰、汉普夏以及配套系迪卡、斯格和PIC猪等，他们的共同特点是生长快、耗料少、体形大、瘦肉率高，是目前最受欢迎的品种。引入品种的目的是培育新品种。

（一）长白猪

1.产地和分布。原产于丹麦，又称兰德瑞斯猪，是目前世界上分布最广的瘦肉型品种之一。

图3-11　长白猪

2.外貌特征。被毛白色，头小而清秀，嘴尖，面直而狭长，耳大下垂，体躯长，背腰平直，大腿丰圆，体躯呈前窄后宽的流线型，乳头7对。长白猪如图3-11所示。

3.生产性能。成年公猪体重250～350千克，成年母猪220～300千克。经产母猪平均产仔数11～12头，育肥期平均日增重700克，胴体瘦肉率62%以上。长白猪具有生长快、耗料少、胴体瘦肉率高、产仔多等优点，但存在抗寒性稍差、皮肤病较多的缺点。

4.杂交利用。在杂交中多作第一父本用，与我国许多培育品种和地方品种杂交，效果明显，如长民、长哈、长荣等杂交组合。长白猪也常作杂交母本猪，如杜长约、杜约长组合。近年来我国引入的主要是美系、丹系、法系和加系长白猪，尤以美系最多。

（二）大白猪

1.产地和分布。又称为大约克夏猪，原产于英国，有大、中、小三种类型。目前引入我国较多的是大约克夏猪。

2.外貌特征。体形较大，全身白色，头长面宽而微凹，耳直立，背腰微弓，后躯宽长，四肢较高，肌肉发达，乳头7对。大白猪如图3-12所示。

图3-12　大白猪

3.生产性能。成年公猪体重350～380千克，成年母猪250～300千克。经产母猪平均产仔数12头，育肥期平均日增重700克，胴体瘦肉率61%以上。具有生长快、较耐粗饲、瘦肉多、产仔较多等优点，但蹄质欠坚实。

4.杂交利用。大约克夏猪作父本与我国许多培育品种和地方品种杂交，效果明显。大约克夏猪也常作杂交母本，如杜长约组合。

（三）汉普夏猪

1.产地和分布。原产于美国肯塔基州，是北美分布较广的一个品种。

2.外貌特征。毛色围绕肩和前肢有一条白带，全身其余部分为黑色，头中等大，嘴直长，耳中等大而直立，体躯较长，臀肌发达。汉普夏猪如图3-13所示。

图3-13　汉普夏猪

3.生产性能。成年公猪体重315～410千克，成年母猪250～340千克。平均产仔数8.66头，育肥期平均日增重800克，胴体瘦肉率64%。汉普夏猪具有生长快、胴体瘦肉率高、杂交效果好等优点，但发情不明显、繁殖力低。

4.杂交利用。汉普夏猪为父本与我国培育品种和地方品种杂交，效果明显。

（四）皮特兰

1.产地和分布。原产于比利时的布拉特地区，是欧洲使用较广的一个瘦肉型品种。

2.外貌特征。毛色灰白，并夹有黑色斑块。耳中等大小且微向前倾，体躯宽而短，肌肉发达。母猪平均产仔数9.7头，背膘薄，胴体瘦肉率65%以上，眼肌面积大，后腿丰满。杂交时能显著提高后代的胴体瘦肉率，但生长缓慢，应激反应敏

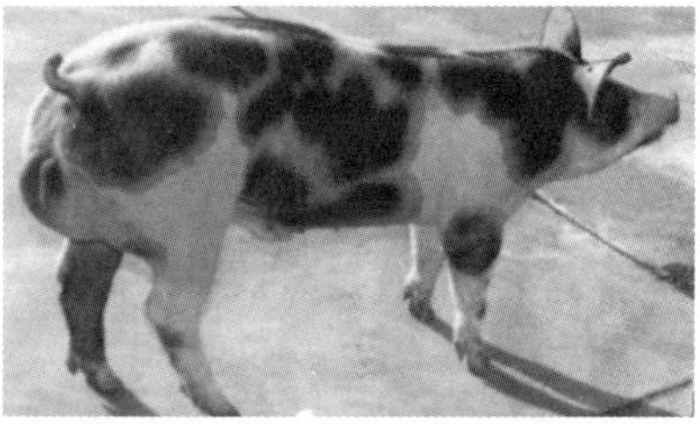

图3-14　皮特兰猪

感，肉质不佳，肌纤维较粗。皮特兰猪如图3-14所示。

3.杂交利用。用作终端杂交父本，效果明显。

（五）杜洛克猪

1.产地和分布。原产于美国东部，是目前世界上生长速度快、饲料利用率高的优秀品种之一。

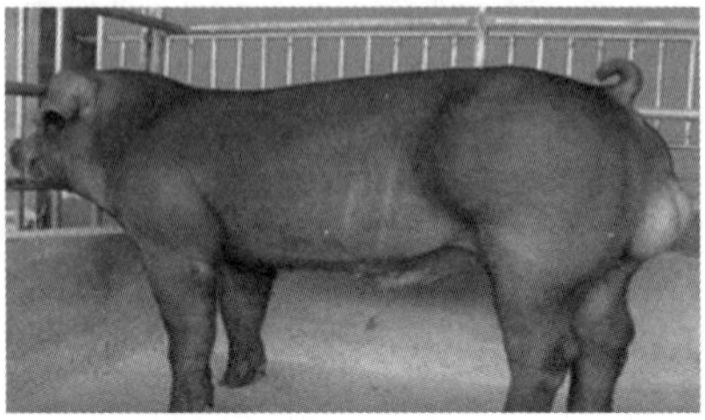

图3-15　杜洛克猪

2.外貌特征。体躯长，背腰微弓，头较小而清秀，脸部微凹，耳中等大半下垂，后躯丰满，四肢粗壮，肌肉发达，全身被毛棕红色，深浅不一。杜洛克猪如图3-15所示。

3.生产性能。成年公猪体重340～450千克，成年母猪300～390千克。平均产仔数9.78头，育肥期平均日增重750克，料重比2.9以下，胴体瘦肉率达63%以上。杜洛克猪具有生长快、瘦肉多、耗料少、较耐寒、杂交效果好等优点，但产仔较少。

4.杂交利用。用作终端父本，可明显提高商品肉猪的增重速度和饲料利用率。如杜长太、杜长哈、杜汉太、杜长民、杜长约等都是性能良好的杂交组合。

项目二　猪的选种与选配

任务一　猪的选种

一、选种的依据

（一）看父母

根据父母的表现来进行选择。要求被选个体必须来自产仔数多、哺乳期成活率高、断奶窝重较大的经产母猪（以选留2～5胎的母猪）的后代和必须来自生长速度快、饲料利用率高、胴体品质好的公猪的后代。

（二）看自身

根据自身的表现进行选择。要求被选个体生长发育正常、健康、无遗传缺陷。体形外貌方面如毛色、皮色、耳型、头型、体形等均要符合品种特征；体质方面应眼睛明亮、灵活、肌肉突出、皮紧而不疏松、没有卧系、身体结实强健；体躯结构方面应颈肩结合良好、四肢粗长、背腰平直、腹部紧凑而不下垂、臀部丰满、四肢结实有力，肢蹄端正、尾根高。性征方面公猪的睾丸应大而明显突出、两侧对称，阴囊紧附于体壁，不过于下垂，阴茎较长，包皮无积液，性欲强，精液品质良好；母猪的阴户大小适中且下垂，过小影响繁殖，过大可能正在发情或者发炎，一般不在发情期选择，有效乳头应在6对以上，排列整齐，间距适中，分布均匀，无瞎乳头和副乳头，有正常的发情周期，发情症状明显。生长性能方面出生体重应在1.5千克以上，28日龄断奶体重应达8千克，70日龄体重应达20千克，180日龄体重应达90～100千克，且其体况适中，不过肥也不太瘦。胴体品质方面的选择只能通过测量自身在6月龄时的背膘厚度和眼肌面积等来评定。

（三）看同胞

根据同胞或半同胞（同父异母或同母异父）兄弟姐妹的表现来进行选择。

要求被选个体的同胞或半同胞应无疝气、隐睾、单睾、瞎乳头、外生殖器畸形等生理和遗传缺陷；生长发育好，整齐度高，个体差异小；生长速度快，饲料利用率高，胴体品质好。

（四）看后代

根据后代的表现来进行选择。如被选个体已产生后代，特别是有的种猪已有用作育肥或种用的后代时，除主要根据本身的表现选择外，还可结合后代的表现来选择。要求被选个体的后代应生长速度快，饲料利用率高，胴体品质好和繁殖性能高。

当然猪的选种不能仅靠某一方面来确定，必须综合以上四个方面的表现来确定。在选育过程中，通过计算综合指数来进行选择。

二、选种阶段

猪的性状是个体生长发育过程中逐渐形成的，因此选种不可能一次完成，必须经过下面几个阶段的多次选择。

（一）断奶仔猪选择

1.根据亲代或同胞资料选择

将不同窝仔猪的系谱资料进行比较，从祖代到双亲尤其是双亲性能优异的窝中进行选留。同时要求同窝仔猪表现突出，即在产仔数多、哺乳期成活率高、断奶窝重大、发育整齐、无遗传疾患或畸形的窝中进行选择。

2.根据本身表型选择

仔猪断奶时，根据本身的生长发育和外貌进行选择。具体要求是达到品种规定月龄时的体重和体尺指标要求，头型、耳型、毛色和体躯结构符合品种特征。在同窝仔猪中，将断奶重大、身腰较长、体格健壮、发育良好、生殖器官正常、乳头6～7对以上且排列均匀的仔猪选留下来。这时的选留数要大，一般是需要更新种猪的4～5倍。

（二）后备猪选择

后备猪的选择技术性很强，贯穿其生长发育的全过程。主要依据其父母、自身、同胞、后代的综合表现（主要是体形外貌和生产性能）进行选择。中小型猪场多根据猪的体形外貌进行选择，种猪场和大型猪场一般还要通过严格的生产性能测定进行选择。

1. 4月龄阶段

本阶段采用个体表型选择，以个体的生长发育和外形为依据。要求体重或日增重应达到选育标准所规定的目标，外形结构良好，肢蹄坚实。

2. 6月龄阶段

当后备猪生长发育到6月龄时，本身除繁殖性能以外的性状都已基本表现，因此，这一阶段是选择的重点和关键。要求以个体表型选择为主，适当参考同胞的成绩，综合考查，严格淘汰。

（1）根据外形选择。选留的个体符合品种特征要求，体质结实，健康无病，身体各部分发育充分，相互协调，结构匀称。骨骼发育良好，四肢结实，肢蹄结构端正，体躯长，腿臀平整丰满，乳房和生殖器官发育良好。

（2）根据生产性能和生长发育选择。依据猪的体重和体尺、胴体品质、生长速度等选种，可将6月龄的平均日增重或体重、背膘厚、体长三项指标综合成选择指数，按其高低选留。要求公猪性欲旺盛，母猪发情明显，发情周期正常；采食速度快、食量大、不挑食。

3. 配种阶段

后备猪一般在8月龄左右配种，此时淘汰的对象主要是生长发育慢而达不到选育指标或因有繁殖疾患不能作种用的个体。

（三）成年种猪选择

1. 初产母猪（14～16月龄）选择

这时的母猪经过前两次选择，对系谱、生长发育和外形等各方面，已有了比较全面的评定。此时选择淘汰的对象是产仔数少，成活率低，仔猪中有畸形、隐睾及毛色和耳型不符合育种要求的个体。

2. 初配公猪选择

这时的公猪同初产母猪一样，经过前两次选择，已有了比较全面的评价。此时对公猪选择的依据是同胞姐妹的繁殖成绩和自身的性能及配种成绩。选择时，将其同胞姐妹繁殖成绩突出，自身性机能旺盛、配种成绩优良的公猪留作种用。

3. 种公、母猪选择

对于2胎以上的母猪和正式参加配种的公猪，不仅本身有了2胎以上的成绩表现，而且也有用作育肥或种用的后裔，且信息多，资料全，应根据本身生产力表现和后裔成绩进行选择。种公猪参加后裔测验，繁殖母猪可利用育种记录，应用选择指数选留。

任务二　猪的选配

一、选配原则

（一）有明确的目的

无目的的选配达不到预期目标，根据预期目标，确定选配的方法和配偶，可稳定和巩固猪群优点，克服缺点。

（二）尽量选择亲合力好的公母猪交配

亲合力指交配双方的交配效果，即能否产生优良的后代。在制定选配计划时，须对猪群过去交配的结果进行分析，在此基础上找出能产生优良后代的组合。

（三）公猪的品质（等级）要高于母猪

选配组合中，种公猪的等级和品质应高于种母猪，起码公母等级相同，不能用低于种母猪等级的种公猪与之交配。对猪群中鉴定出的特级、一级种公猪充分使用，对二、三级种公猪应控制使用。

（四）具有相同缺点或相反缺点的公母猪不能选配

如用凹背公猪与凸背母猪交配，不但改变不了缺点，反而会使缺点加深，须用背腰平直的个体与之交配，才能纠正缺点。

（五）正确使用近交

近交具有纯化遗传结构（基因型）、稳定优良性状的作用。但是，随意近交，易导致近交衰退现象的发生。因此，近交应根据选育的情况仔细确定。在一般的繁殖猪场，则不宜采用近交。

（六）合适的年龄选配

选配的公母猪应体质健壮，年龄配对合适。一般壮龄公猪配壮龄母猪最好，其他配偶组合，效果均差，应该避免，至少交配双方中，有一方是壮龄猪。

二、选配方法

（一）同质选配

是选择表型相同的优秀公母猪交配的方法。如选用体长、膘薄的公猪配体长、膘薄的母猪，期望双亲的优良性状在群体中得到稳定和巩固，从而提高群体品质，但应注意下列问题。

1.交配双方品质同质，但应是优秀而不是中等以下的配偶组合，并避免近交。

2.交配的双方除要求同质外，应无其他共同的品质缺陷。

3.长期使用同质选配，会使群体的变异范围缩小，引起猪的适应性、生活力下降。因此，须加强选择，严格淘汰体质衰弱或有遗传缺陷的个体。必要时，应与异质选配结合，交替使用，才能不断巩固和提高整个猪群品质。

（二）异质选配

异质选配是选择表型不相同的公母猪进行交配的方法。异质包含两方面的含义：一是交配双方具有不同的优异性状，例如选择增重快的公猪与肉质好、适应性强的母猪交配，渴望获得增长快且肉质优良的后代；另一个是选择同一性状，但优劣程度不同的公母猪交配，期望达到以优改劣的目的。

三、选配计划

选配计划应根据猪场的具体情况、任务和要求而编制，必须了解和掌握猪群现有的生产水平、需要改进的性状、参加选配的每头种猪的个体品质等基本情况，本着“好的维持，差的重选”的原则，安排配偶组合，要尽量扩大优秀种公猪的利用范围，为其多择配偶。现列出选配计划表（表3-1），供参考。

表3-1　猪的选配计划表

<table>
<tr><td rowspan="3">母猪号</td><td rowspan="3">品种</td><td rowspan="3">预期配种时间</td><td rowspan="3">主要特征</td><td colspan="5">与配公猪</td><td rowspan="3">选配方式</td></tr>
<tr><td rowspan="2">主要特征</td><td colspan="2">主配</td><td colspan="2">候补</td></tr>
<tr><td>猪号</td><td>品种</td><td>猪号</td><td>品种</td></tr>
<tr><td></td><td></td><td></td><td></td><td></td><td></td><td></td><td></td><td></td><td></td></tr>
<tr><td></td><td></td><td></td><td></td><td></td><td></td><td></td><td></td><td></td><td></td></tr>
</table>

项目三　猪的杂交利用

良种猪、营养饲料、猪舍环境控制、猪病防治、猪场经营管理是构成现代养猪生产的五大基本要素。在促进畜牧业发展的各种因素中，家畜品种改良对畜牧业发展的贡献率约为40%，饲料营养贡献率20%，饲养管理贡献率20%，疫病防治所带来的贡献率为15%，其他方面的改善和提高贡献率为5%。由此可见，猪种质量的好坏对养猪业的发展起着决定性作用。我们引入品种的目的不是直接利用品种，而是在纯繁选育的基础上，通过杂交加以利用。

一、繁育方式

（一）纯繁

纯种繁育是指同一品种内公母猪的相互交配，其目的不但是品种的延续，而是在延续中提高。即利用基因的加性效应，通过纯繁选育，提高背膘厚、瘦肉率、生长速度和饲料利用率等高遗传力和中等遗传力的性状，为杂交提供遗传性稳定的高性能亲本。纯种繁育多采用群体继代选育方法进行。对国外引入品种、地方品种和培育品种均应通过纯繁进行选育提高和保种。

（二）杂交

杂交是指不同品种或品系的公母猪相互交配。杂交所产生的杂种综合了双亲的优点，表现为生活力强、适应性好、生长发育快、生产性能高等，即杂种优势现象。故商品生产多采用经济杂交的繁育方式。

1.杂交亲本选择

杂交亲本，即杂交过程中选用的公猪和母猪。亲本间的遗传差异是产生杂种优势的根本原因，因此，在选择和确定杂交组合时，应重视对亲本的选择。

（1）母本选择。选择本地区数量多、繁殖力高（产仔数多、断奶窝重大、仔猪成活率高、母性和泌乳能力强）的品种或品系作母本。由于杂交母本猪需要量大，应强调对当地环境的适应性，在不影响杂种生长速度的前提下，母本的体格不一定要求太大。

（2）父本选择。选择生长速度快、饲料利用率高、胴体品质好的品种或品系作父本。为了保证种公猪的种用价值，应强调对性欲、精液品质、性成熟、适应性等方面的选择。

根据上述要求，我国大多数地方猪种和培育猪种，都具备作母本品种的条件。国外引入的猪种，如长白猪、杜洛克猪、大约克夏猪、汉普夏猪等，都具备作父本品种的条件。

2.杂交方式

（1）二元杂交。即两个品种的猪杂交一次，一代杂种无论公、母猪，全部不作种用，只作商品育肥。二元杂交模式见图3-16。

A（♀）×B（♂）
↓
AB（全部作为商品育肥猪）

图3-16　二元杂交模式

这种杂交方式使用的母本猪主要是地方品种或培育品种，来源广，数量多，只需引入一些适合当地的优良瘦肉型猪种作父本，即可开展杂交，因此，二元杂交容易推广应用。但这种方式的缺点是不能充分利用杂种在繁殖性能方面的杂种优势。另外，地方品种作母本，本身生长慢、膘厚、瘦肉率低，杂种在这些性能方面也受到不良影响。因此，选用我国培育品种作母本，外来瘦肉型品种作父本，杂交效果更好。

（2）三元杂交。即先用两个品种杂交，产生在繁殖性能方面具有明显杂种优势的母猪，再用第三个品种的公猪与之杂交，生产的后代全作商品育肥。三元杂交模式见图3-17。

A（♀）×B（♂）
↓
AB（♀）×C（♂）
↓
ABC（全部作为商品育肥猪）

图3-17　三元杂交模式

三元杂交所使用的猪种，第一母本猪往往用地方品种或培育品种，两个父本品种往往用引入的优良瘦肉型猪种。为了提高经济效益和增加市场竞争力，可把第一母本猪确定为引入的优良瘦肉型猪，也就是全都用现代引入优良猪种进行三元杂交，效果良好。目前在国内从南方到北方的大多数规模化养猪场，普遍采用杜、长、大的三元杂交方式（见图3-18杜、长、大三元杂交模式），获得的杂交猪具有良好的生产性能，尤其产肉性能突出，很受市场欢迎。

（♂）长白 × 大白（♀）　　大白（♂）× 长白（♀）
↓　　　　　　　　　　　↓
长大（♀）× 杜洛克（♂）× 大长（♀）
↓　　　　　↓
杜长大　　　杜大长

图3-18　杜、长、大三元杂交模式

（3）四元杂交。即四个品种的固定杂交。有四个品种或品系参与，先进行两品种或两品系二元杂交，产生两种杂交后代，然后再进行杂交，产生四元杂种商品代。在商品生产中，还常利用三元杂种母猪与另一品种公猪进行杂交，生产四元商品代。四元杂交的优点是比二元、三元杂交遗传基础更广，从而渴望有较大的杂种优势。既可以利用杂种母猪的优势，也可以利用杂种公猪的优势。

（4）轮回杂交。即二元或三元杂交所生产的杂种猪群，不全部育肥，而是从中选出一部分杂种母猪，再用原亲本猪轮流作为父本，继续与杂种母猪进行杂交，而且这种轮回杂交的方式一直延续下去，因此，这种轮回杂交又称为连续性杂交方式。优点是可以不需引进后备母猪，以减少疾病传播的风险，而且由于猪场只养杂种母猪和少数不同品种公猪来轮回交配，在管理上和经济上都比二元杂交和三元杂交具有更多的优越性。但缺点是各代轮回杂交所产的杂种猪群，不论是在生产性能或体形外貌上，可能出现参差不齐的情况，而且轮回的代数越多，杂种猪的杂种优势就越小。因此，国外早就放弃了这种杂交方式，转而采用合成系的配套杂交方式。当杂交亲本猪种含有地方猪种时，不可盲目采用轮回杂交方式。

（5）专门化品系配套杂交。专门化品系是为了培育某个突出的经济性状，而其他性状仍保持在一般水平上的品系。一般而言，专门化父系应集中表现生长快、饲料利用率高和胴体品质好等特点；专门化母系则主要表现良好的产仔数、泌乳力等繁殖性状。专门化品系遗传结构越纯，杂交后的杂种优势越大。因此，利用这些品系之间配套杂交生产优良商品猪（杂优猪），是理想的杂交方式。在国外一些国家，配套系杂交方式的运用已成为主流，如美国的“迪卡”配套系（见图3-19迪卡配套系种猪繁育体系模式）、英国的“PIC”配套系等。

						（长）		（美系大）
						E♂×E♀		F♂×F♀
						↓		↓
GGP	（汉）		（杜）	（英大）				
	A♂×A♀		B♂×B♀	C♂×C♀		E♂(♀)	×	F♀(♂)
	↓		↓	↓			↓	
GP	A♂	×	B♀	C♂	×		D♀	
		↓			↓			
PS		AB♂	×		CD♀			
			↓					
MK			ABCD					

图3-19　迪卡配套系种猪繁育体系模式

1991年农业部决定，从美国迪卡公司为北京养猪育种中心引入360头迪卡配套系种猪，其中原种猪有A、B、C、E、F 5个专门化品系，其实质是由当代世界优秀的杜洛克、汉普夏、大约克、长白等种猪组成。在此模式中，A、B、C、E、F这5个专门化品系为曾祖代（GGP）；A、B、C及E和F正反交生产的D系为祖代（GP）；A公猪和B母猪生产的AB公猪、C公猪和D母猪生产的CD母猪为父母代（PS）；最后AB公猪与CD母猪生产ABCD商品猪上市。利用专门化品系配套合成杂交产生“杂优猪”，适宜于工厂化饲养。随着我国各地经济实力的增强和工厂化养猪业的发展，这种杂交方式将得到进一步发展。

二、繁育方式的选择

选择合适的繁育方式是提高养猪经济效益的有效手段。选择繁育方式需根据猪场性质、当地市场需求和饲养管理条件等确定。

（一）原种场

原种场（核心群）处于种猪繁育体系金字塔结构的塔尖。主要任务是根据育种方案，开展种猪性能测定，对品种或品系进行纯繁选育提高，以期获得最大的遗传进展，为更新核心群种猪或者为祖代场（扩繁群）提供优秀后备猪。即对杜洛克、大白、长白、甘肃白猪、甘肃黑猪、八眉猪等品种或专门化品系进行纯繁选育提高，为开展杂交利用提供高性能的亲本。

（二）祖代场

祖代场（扩繁群）处于整个繁育体系金字塔结构的中间层。具有承上启下的作用，是连接原种场和商品场的纽带。主要任务是扩繁纯种母猪和生产杂种公母猪。根据当地品种资源和市场需求，一是引进大白猪和长白种猪，利用两个纯种进行正反杂交，生产长大或大长二元母猪，或引进专门化品系生产专门化的杂交系。二是引进大白猪或长白公猪，与甘肃白猪或甘肃黑猪、八眉猪母猪等杂交生产“洋本”二元母猪。三是直接引进大白猪和长白种猪进行纯种扩繁，生产大白或长白母猪作为杂交扩繁的母本。扩繁群更新的后备猪必须来自原种场。

（三）商品场

商品场（生产场）处于整个繁育体系金字塔结构的底层。主要任务是按照杂交计划的要求，由原种场或祖代场提供终端父本，祖代场提供终端母本，组织好父母代的杂交，生产杂优猪或杂种猪。

大型商品猪场因技术力量较强，设备和工艺先进，生产的商品猪主要用于外调或出口。可引进大白猪或长白种猪，利用两个纯种进行正反杂交，生产长大或大长母猪，以降低引种费用和疾病传播的风险，再引进杜洛克公猪，生产杜大长或杜长大三元杂交商品猪。也可直接利用配套系生产商品猪。

中型商品猪场技术力量一般，设施条件较好，商品猪本地和外销兼顾。可直接引进长大或大长母猪和杜洛克公猪，生产杜长大或杜大长三元杂交商品猪。也可直接利用配套系生产商品猪。

中型商品猪场技术力量一般，设施条件较好，商品猪本地和外销兼顾。可直接引进长大或大长母猪和杜洛克公猪，生产杜长大或杜大长三元杂交商品猪。

小型商品猪场和农户生产条件一般，技术力量弱，商品猪主要在本地销售或自食。应选择三元杂交模式。即利用杜洛克、大白、长白作父本与甘肃白猪、甘肃黑猪做母本生产“一洋一本”的二元或“二洋一本”的三元杂交商品猪。这种组织方式配套简单、引种费用低，尽管生长速度稍慢、耗料多，但具有饲料来源广、耐粗饲、适应性强、母猪产仔多、成活率高，特别是肉质好等优点，目前很受消费者欢迎，也会获得较好的经济效益。

（四）血缘不清的高代杂种母猪的利用

随着经济杂交的广泛应用和繁育体系的不完善，一些农户和小型猪场饲养的母猪多是血缘不清的高代杂种。对于这些高代杂种，必须在调查了解的基础上，找出具有杂种优势的杂交组合，而不能再继续无目的地混杂下去。可以引入过去本地未曾引入或引入较少的品种的公猪与其杂交，如白色杜洛克，可获得较好的效果。或是观察高代杂种的体形外貌，如高代杂种耳小直立，可能大白猪所占血缘较多，应选择长白公猪作父本；如耳大下垂，可能长白猪所占血缘较多，则应选择大白公猪作父本，能获得较好的杂交效果。

另外，因为目前市场上红毛猪、黑毛猪和杂毛猪的商品猪价格要比白毛猪价格低，特别是市场低谷期，故选用父本时还应注意杂交后商品猪的毛色问题。应选择长白、大白、白色杜洛克、甘肃白猪等白毛公猪与其杂交，这样后代的毛色基本上是全白的，仅个别有黑皮斑。如用汉普夏、红色被毛杜洛克、皮特兰、皮杜和甘肃黑猪进行杂交，后代就会出现各种毛色。一般纯种白毛猪与黑毛猪、红毛猪杂交，后代毛色多为花色；血缘不清的杂种之间交配，才会出现各种毛色。据此可鉴别品种的纯杂，如引入的长大或大长二元母猪与纯种红色杜洛克公猪杂交后，后代出现花毛、红毛等，就说明引入的可能是杜长大三元杂种猪。

模块四 4 CHAPTER

猪的繁殖技术

项目一　基础知识

本项目主要讲述了猪生殖器官的组成、生理功能和各组成部分的相互关系。公猪生殖器官由睾丸、附睾、输精管、副性腺、尿生殖道和外生殖器官组成，其中睾丸是性腺也是公猪最重要的生殖器官之一，其主要功能是产生精子和分泌雄激素。母猪的生殖器官由卵巢、输卵管、子宫、阴道和外生殖器组成。

任务一　猪的生殖生理

一、猪的生殖器官

公猪的生殖器官由睾丸、附睾、输精管、副性腺、尿生殖道和外生殖器官组成，分别完成精子的生成、成熟、排出和配种等功能。公猪的生殖器官如图4-1所示。

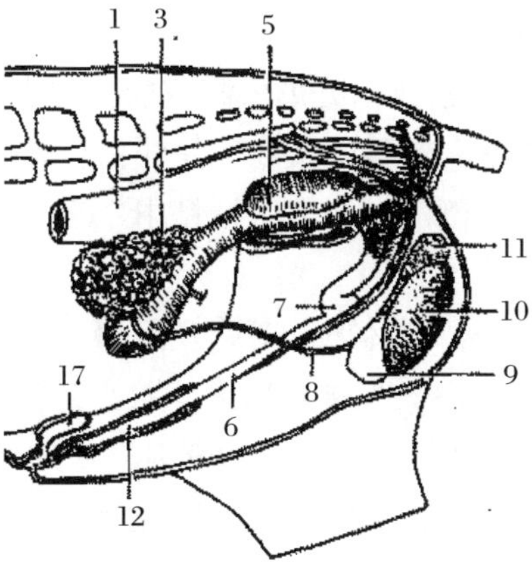

1.直肠；3.精囊腺；5.尿道球腺；6.阴茎；7.S状弯曲；8.输精管；
9.附睾头；10.睾丸；11.附睾尾；12. 阴茎游离端；17.包皮憩室

图4-1　公猪的生殖器官

1.睾丸。睾丸是主要的生殖器官，其主要生理功能有：

（1）生精功能。

（2）分泌雄激素。

（3）产生睾丸液。

公猪的睾丸一对，重900～1000克，占体重的0.34%～0.38%。

2.附睾。附睾是睾丸的输出管，同时也是精子成熟发育和贮存的地方。附睾分为头、体、尾三部分，附睾头及附睾体具有吸收液体的作用，而尾部则无此作用。附睾管由附睾尾过渡为输精管，精子在附睾管内的酸性环境中（pH 6.2～6.8）缺少果糖，所以，精子不活动，消耗的能量很少。另外，精子通过附睾尾的时间一般为10天（9～14天），在这段时间里精子不仅在附睾中被吸水、浓缩和贮藏，而且只有通过此过程才能发育成熟。

3.输精管的机能。附睾管在附睾尾端延续为输精管，其末端变细与精囊腺的排泄管共同开口于尿生殖道背侧壁上。配种时，催产素和神经系统共同支配输精管肌肉层发生规律性收缩，使输精管内和附睾尾部贮存的精子排入尿生殖道内。同时，输精管对死亡和老化的精子具有分散和吸收作用。

4.副性腺。副性腺由精囊腺、前列腺和尿道球腺组成。副性腺在交配射精时，分泌的分泌物构成精清，并与精子混合共同组成精液，主要功能是：

（1）冲洗尿生殖道。

（2）作为精子的天然稀释液，加大精液容量。

（3）活化精子。

（4）供给精子能量物质。

（5）延长精子的存活时间。

（6）交配时，在母畜子宫颈口处形成阴道栓，防止精液倒流。

猪的尿道球腺分泌稀薄、黏稠胶状物，呈淡白色，具有凝固作用，有利于阴道栓的形成，可防止精液倒流。在人工授精中，需要将这些胶状物过滤掉，以便精子体外存活。

据统计，精液体积有2%～5%来自睾丸及附睾，55%～75%来自前列腺，12%～20%来自精囊腺，10%～25%来自尿道球腺。公猪的精囊腺和尿道球腺都很发达，所以公猪的射精量较大。公猪一次性射精量为150～300毫升。

前列腺分泌稀薄、淡白色、具腥味的弱碱性液体，可以中和进入尿生殖道中液体的酸性，改变精子的休眠状态，使其活动能力加强。

5.尿生殖道。尿液和精液共同通道称尿生殖道，具有排尿和排精双重功能。

6.外生殖器官。外生殖器官有阴囊、阴茎、包皮。阴囊是皮肤、肉膜、睾外提肌、筋膜和总鞘膜的总称。有两个腔，两个睾丸分别位于其中。阴囊具有温度调节能力，保护精子正常生成。温度高时，肌肉和皮囊松弛，睾丸下降悬于阴囊中；温度低时，肉膜和睾丸外提肌的收缩作用使睾丸上提。

公猪的阴茎较细，在阴囊前形成“S”状弯曲，龟头呈螺旋状，并有一较浅的螺旋沟，没有尿道突，正常情况下，阴茎隐于包皮内。

包皮是游离的皮肤凹陷而发育成的阴茎套，在阴茎疲软时，阴茎头位于包皮囊内，包皮具有保护阴茎头的作用。在阴茎勃起时，包皮皮肤展开包在阴茎表面，保证阴茎伸出包皮外。猪的包皮腔很长，背侧壁有一圆孔通入包皮憩室，其内常常聚集带有异味的浓稠液体。

二、母猪的生殖器官

母猪的生殖器官由卵巢、输卵管、子宫、阴道和外生殖器官组成。母猪的生殖器官如图4-2所示。

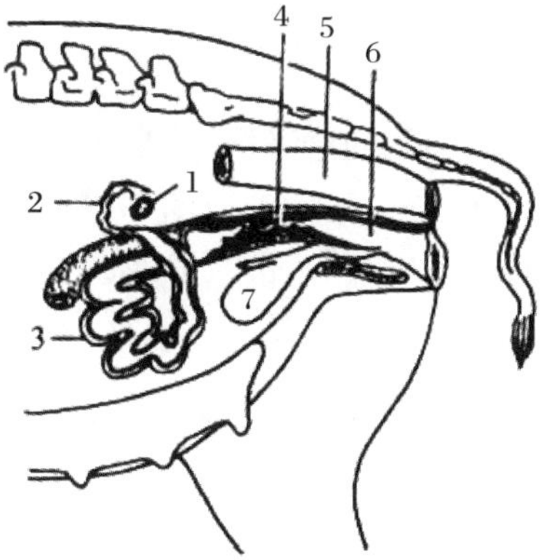

1.卵巢；2.输卵管；3.子宫角；4.子宫颈；5.直肠；6.阴道；7.膀胱

图4-2　母猪的生殖器官

1.卵巢。猪的卵巢形态、体积及位置因年龄、胎次不同而有很大的变化。猪出生时卵巢呈肾形，而接近初情期时卵巢可达2厘米×1.5厘米，且表面出现许多小卵泡，形似桑葚。初情期开始后，在发情期的不同时间卵巢上出现卵泡、红体和黄体，突出于卵巢的表面。断奶时仔猪的卵巢为长圆形的小扁豆状，卵巢的位置随着胎次的增加由岬部逐渐向前移动。卵巢的生理机能：

（1）卵泡发育和排卵。

（2）分泌雌激素和孕激素。

2.输卵管。输卵管是卵子受精和卵子进入子宫的必经通道，由漏斗部、壶腹部和峡部三个部分组成。猪的输卵管发达。输卵管的生理机能：

（1）运送卵子和精子。

（2）精子获能、卵子受精和受精卵卵裂的场所。

（3）分泌机能。

3.子宫。母猪为双子宫角型子宫，子宫角长1～1.5米，而子宫体长3～5厘米。子宫角长而弯曲，管壁较厚，直径为1.5～3厘米。子宫颈较长为10～18厘米，内壁上有左右两排相互交错的皱褶，中部较大，靠近子宫内外口的较小，子宫颈后端逐渐过渡为阴道，没有子宫颈的阴道部。因此，当母猪发情时子宫颈口开放，精液可以直接射入母猪的子宫内，因此，猪称为子宫射精型动物。子宫的生理机能：

（1）筛选、贮存和运送精子及精子获能。

（2）胚胎发育、孕体附植、胎儿发育与分娩。

（3）对卵巢机能有影响。

4.阴道。长约10厘米，除有环状肌以外，还有一层薄的纵行肌。阴道既是交配器官，也是分娩时的产道。

5.外生殖器官。外生殖器官包括尿生殖前庭、阴唇和阴蒂。尿生殖道前庭是生殖道和尿道共同的管道，其分泌的分泌物，润滑阴门，有利于公猪的交配。

阴唇构成阴门的两个侧壁，为尿生殖道的外口，位于肛门下方。两阴唇间的开口为阴门裂，阴唇的外面是皮肤，内为黏膜，两者之间有阴门括约肌及大量结缔组织。

阴蒂位于阴门下角内，主要由海绵组织构成，阴蒂海绵体相当于公猪的阴茎海绵体，阴蒂头相当于阴茎的龟头。

任务二　生殖激素及应用

一、常用激素

1.促性腺激素释放激素（GnRH）。主要用于治疗雄性动物性欲减弱、精液品质下降，雌性动物卵泡囊肿和排卵异常等症状。在母猪发情配种时或配种后10天内注射GnRH或其类似物（100～200微克），可提高配种受胎率。目前，国产的GnRH类似物有促排Ⅰ号（LRH−A1）、促排Ⅱ号（LRH−A2）、促排III号（LRH−A3）。

2.催产素（OXT）。主要用于促进分娩，治疗胎衣不下、子宫脱出、子宫出血和子宫内容物（如恶露、子宫积脓或木乃伊）的排出等。利用其排乳的生理功能，可测定母猪的泌乳量。事先用雌激素处理，可增强子宫对催产素的敏感性。催产素用于催产时必须注意用药时期，在产道未完全扩张前大量使用催产素，易引起子宫撕裂。妊娠达到112天的母猪，先注射前列腺素类似物，16小时后给予催产素，全部母猪可在4小时内分娩。一般用量为10～20单位。

3.促卵泡激素（FSH）。主要用于诱导母畜发情排卵和超数排卵，以及治疗卵巢机能疾病。也可治疗公畜精液品质不良。FSH由于半衰期短，使用时必须多次注射才能达到预期效果，一般每日两次，连续用药3～4天。如果应用缓释剂，如与聚乙烯吡咯烷酮（PVP）水溶液或聚丙二醇相混匀，则只需一次注射即可。至于用药量，应根据制剂的纯度确定。

4.促黄体素（LH）。主要用于诱导发情排卵、防止母畜流产、治疗卵巢疾病及治疗公畜不育症。

5.促乳素（PRL）。与其他激素配合使用，可调节泌乳机能，诱导泌乳。

6.雄激素。主要用于治疗公畜性欲不强和性机能衰退。常用药物为丙酸睾酮。

7.雌激素。主要用于治疗胎衣不下、人工流产等；配合其他药物用于诱导发情、人工泌乳；也可用于雄性动物的化学去势。人工合成的雄激素主要有己烯雌酚（又名底酚）、苯甲酸雌二醇、乙雌酚、二丙酸雌二醇、二丙酸己烯雌酚等。

8.孕激素。主要防止和治疗母畜习惯性流产，诱导同期发情和治疗卵巢囊肿。人工合成的孕激素有甲羟孕酮、乙酸氯地孕酮、乙酸氟孕酮、甲地孕酮等。

9.松弛素。常用于镇痛、预防流产和早产，也有促进分娩的效果。

10.孕马血清促性腺激素（PMSG）。PMSG常用作FSH的代替品，用于治疗母畜卵巢静止、机能衰退，还可用于超数排卵。猪的诱导发情常用剂量为750～1000单位。对公畜可治疗性欲不强和生精机能减退。生产中多与人绒毛膜促性腺激素（hCG）配合使用。

11.人绒毛膜促性腺激素（hCG）。hCG主要用于促进母畜卵泡发育、超数排卵、维持黄体机能和同期发情；促进公畜性欲，提高性机能。猪的常用剂量为500～1000国际单位。

12.前列腺素（PG）。主要用于治疗持久黄体、子宫内膜炎、子宫积水、黄体囊肿等卵巢疾病，进行同期发情处理，人工控制分娩等。还用于提高公畜的繁殖力。目前，用于繁殖机能调控的人工合成PG类似物，在市场上常见的是氯前列烯醇，又称诱情素。

13.外激素。现发现公猪的两种性外激素，一种由睾丸合成，在脂肪中贮存，由包皮腺和唾液腺排出体外，是具有特殊气味的类固醇激素；另一种由颌下腺分泌，由唾液排出，具有麝香气味，也是类固醇。对发情母猪都具有强烈的刺激作用。在生产实践中，利用异性刺激效应可以促进青年母畜性成熟，延长发情季节；利用人工合成的公猪外激素类似物进行母猪催情、试情，增加产仔数，提高繁殖力。另外，利用外激素可建立寄养仔猪与母猪的母仔关系。

二、生产中对不发情的母猪用激素催情

1.第一天每头分别肌注维生素ADE合剂4～6毫升和孕马血清促性腺激素800～1000单位，第二天再肌注孕马血清促性腺激素800～1000单位，第三天、第四天分别肌注人绒毛促性腺激素600～800单位，或每头肌注PG600（是含400单位孕马血清促性腺激素和200单位人绒毛膜促性腺激素的混合激素）1头份。一般10天以内的发情率可达50%～70%。适用于卵巢功能停止的长期不发情母猪。

2.第一天每头肌注氯前列醇钠0.2～0.6毫克，第三天分别肌注孕马血清促性腺激素500～1000单位和新思的明注射液4～6毫升（必要时第五天重复1次）。适用于持久黄体或黄体囊肿的不发情母猪。

3.每头肌注促黄体素50～150单位或人绒毛膜促性腺激素500～1000单位，14天后肌注氯前列醇钠0.2～0.6毫克。适用于卵泡囊肿、性欲亢进、发情持续10余天，但屡配不孕的母猪。

4.在配种前0～4小时，每头肌注促排卵素3号25～50微克，或在发情开始后10小时肌注人绒毛膜促性腺激素1000～2000单位。适用于发情正常，但不排卵或排卵少的母猪。

5.配种前每头肌注氯前列醇钠0.2毫克和长效抗生素，同时再肌注PG600 1头份。适用于子宫内膜炎导致受精卵在子宫壁上着床失败而屡配不孕者。配种后1～3天，每头肌注1次人绒毛膜促性腺激素1000单位，适用于黄体功能不全而屡配不孕的母猪。

催情措施必须在母猪体况恢复和健康的基础上进行，不可把激素催情当成万能。因为激素催情后母猪一般多会发情，但因卵细胞没有发育成熟，不排卵，往往出现假发情，配种后多不受胎。但多数下一个情期能提前或按时发情，配种一般都可受胎。尽量不要用己烯雌酚（己烯雌酚）、雌二醇、雌三醇和三合激素等雌激素类药物催情，因它们可导致母猪假妊娠和产仔数明显下降等。

项目二　猪的人工输精

主要通过对母猪进行发情鉴定，准确判断最佳输精时机，把质量合格的精液适时地输入到母猪生殖道的适当部位。这就要求母猪健康和良好的生活环境，采集合格的精液并进行适当的处理和保存，确保每一份精液符合输精的质量要求，最后把精液安全卫生地输入母猪的适当部位，完成配种过程。

任务一　发情鉴定

母猪发情时，外阴部变化和行为变化表现明显，因此母猪的发情鉴定主要采用外部观察法，同时结合试情进行。

一、外部观察法

（一）鉴定时间

母猪属于全年多次发情，发情持续时间平均2～3天，发情周期平均为21天，发情持续时间因母猪品种、年龄、体况等不同而有差异。产后发情，一般在仔猪断奶后1周之内出现第一次正常发情。哺乳期也有发情的，但为数甚少。母猪产后第一次发情的时间与哺乳期长短有关，一般哺乳期长，断奶后发情出现得较早；反之，哺乳期短，断奶后发情出现得较晚。

一般在母猪发情后24～48小时内配种容易受胎。本地品种母猪发情持续时间较长，配种应在发情后48小时进行；培育品种母猪的发情和配种时间介于上述两者之间。老龄母猪发情时间较短，排卵时间会提前，应提前配种；青年母猪发情时间长，排卵期相应往后移，宜晚配；中年母猪发情时间适中，应该在发情中期配种。所以母猪配种就年龄讲，应按照“老配早，小配晚，不老不小配中间”的原则。

（二）精神状态鉴定

母猪开始发情时对周围环境十分敏感，兴奋不安、食欲下降、鸣叫、拱地、两前肢上栏杆、两耳耸立、东张西望、来回走动，随后性欲趋向旺盛。在群体饲养的情况下，爬跨其他猪，随着发情高潮的到来，上述表现愈来愈频繁，随后母猪食欲由低谷开始回升，鸣叫频率逐渐减少，呆滞，愿意接受其他猪爬跨，此时配种最佳。

1.发情前期

母猪表现食欲减少，烦躁不安，阴门红肿，从阴门流出黏液较稀薄，发出呼噜、哼哼、尖叫声，爬跨其他母猪，被爬跨或看到公猪时无静立反应。未发情母猪见图4-3，发情前期母猪见图4-4、图4-5。

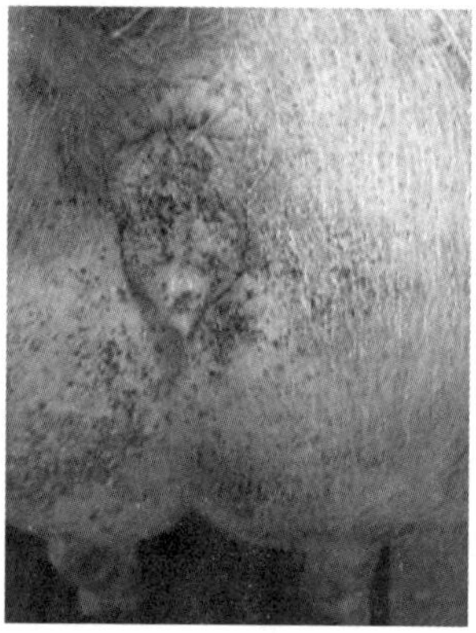

图4-3　未发情母猪

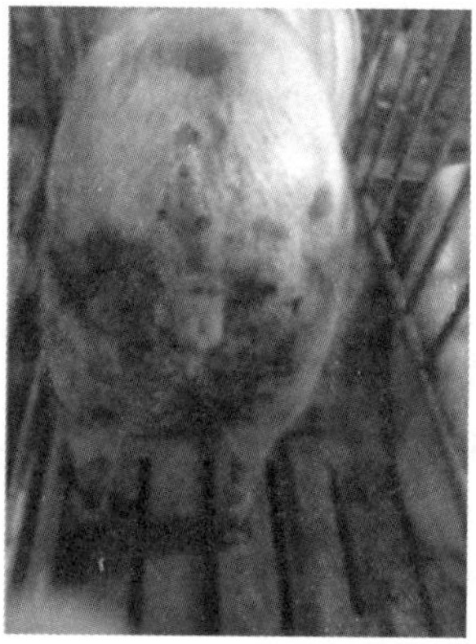

图4-4　发情前期母猪

图4-5　发情前期母猪

2.发情期

母猪表现食欲减少，目光呆滞，双耳立起，阴门红肿减退，阴门流出的黏液变黏稠，表明即将排卵，发出特有的呼噜声，震颤、发抖、弓背、频频排尿，爬跨其他母猪，被爬跨或看到公猪时有静立反应，愿意接近饲养员。发情期母猪有静立反应见图4-6。

3.外阴部变化鉴定

母猪发情时外阴部明显充血、肿胀，而后阴门充血、肿胀更加明显，阴唇内黏膜随着发情盛期的到来，变为淡红或血红，黏液量多而稀薄。随后母猪阴门变为淡红、微皱、稍干，阴唇内黏膜血红开始减退，黏液由稀转稠，此时母猪进入发情末期，是配种的最佳时期。简而言之，母猪外阴由硬变软再变硬，阴唇内黏膜颜色由浅变深再变浅，正是配种最佳时期。用两指分开阴唇，由浅至深以目测和手感黏液特性相结合。未发情母猪黏液干燥，无光泽；发情期则出现黏液，如图4-7黏液流出，图4-8黏液拉丝，且不同时期有不同特性。

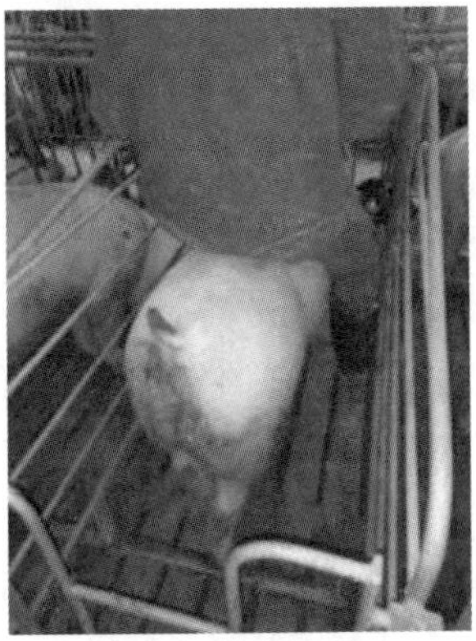

图4-6　静立反应

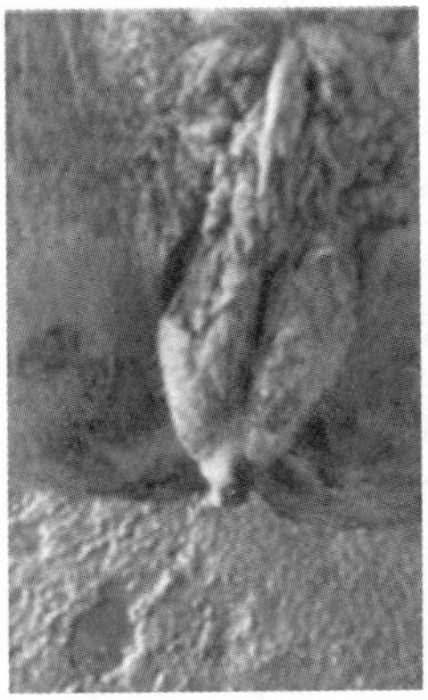

图4-7　黏液流出

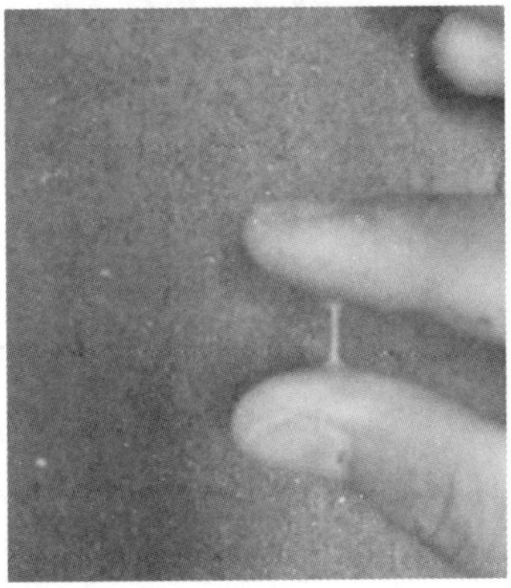

图4-8　发情期黏液拉丝

二、试情法

（一）按压鉴定法

用手压母猪腰背后部，如母猪四肢前后活动，不安静，又哼叫，这表明尚在发情初期，或者已到了发情后期，不宜配种；如果按压后母猪不哼不叫，四肢叉开，呆立不动，弓腰，尾翘向一侧，两后肢撑开作交配态，称“静立反应”。见图4-9、图4-10静立反应。

图4-9　静立反应

图4-10　静立反应

当手按压发情母猪背部时，待立不动3分钟以上，或向人靠拢，此时交配最好或人工授精。现在的优良猪种发情表现较为温和，不像地方品种猪那样明显。有部分国外品种和杂交品种，发情行为不够明显或安静发情，在鉴定时除观察母猪的行为变化外，要重点做好“黏液判断”和“静立反射”的鉴定。

（二）试情公猪查情法

查情时间一般在清早（7～9时），或早晚（7～9时，16～18时）。采用人工查情与公猪试情相结合的方法。发情鉴定人员重点寻找根据后备猪年龄推算出来的将要发情母猪或是断奶后1周左右的母猪。

查情时，让公猪与母猪头对头查情，以使母猪能嗅到公猪的气味，并能看到公猪。查情过程中，另一查情员应注意观察母猪的表现，并对主动接近公猪的母猪进行压背试验，如果母猪表现立耳、翘尾，在压背时出现静立反应则母猪已发情，应填写发情鉴定记录卡。

经产母猪正常情况下，仔猪断奶后5～7天内出现发情。如果母猪断奶时膘情过肥或过瘦都会影响发情。对于膘情过好，断奶前几天仍分泌相当多乳汁的母猪，为防止断奶后母猪患乳腺炎，促使断奶母猪干奶，应在母猪断奶前和断奶后3天减少精料的饲喂量，可多补给一些青粗饲料；对于膘情一般和膘情较差的母猪，断奶后应该适当加料催情，每天加喂精料1.8～2千克，日喂2～3次。

任务二　精液处理

一、采精

公猪采精常用手握法，很少采用假阴道法。公猪全年采精相对平衡，每周采精2～3次，青年公猪（8～18月龄）每周采精1～2次。

（一）材料及用品准备

1.材料准备

采精前应准备好假台猪、乳胶手套、保温集精杯、工作服、水盆、毛巾、消毒液等。

2.动物准备

将待采精公猪腹部及包皮部彻底清洗干净，挤出包皮积尿，并用0.1%高锰酸钾冲刷消毒。

3.假台猪准备

检查假台猪是否处于可用状态，没有尖锐之物或毛刺突出，固定结实。

（二）采精操作

1.排出包皮液

公猪爬跨上假母猪后，采精员用右手按摩公猪包皮腔，尽可能将包皮腔中的包皮液（尿液）排净，并用纸巾拭干。

引出公猪阴茎并消毒清洗：按摩引出公猪的阴茎，用0.1%的高锰酸钾溶液冲洗，然后用生理盐水冲洗干净。采精员应脱去外层手套，右手呈锥形的空拳，使龟头（螺旋部分）进入空拳中，只让公猪的龟头伸出空拳1厘米左右，然后顺其向前冲力，将阴茎的“S”状弯曲尽可能地拉直，握紧阴茎龟头防止其旋转，公猪即可安静下来并开始射精。如图4-11、图4-12所示。

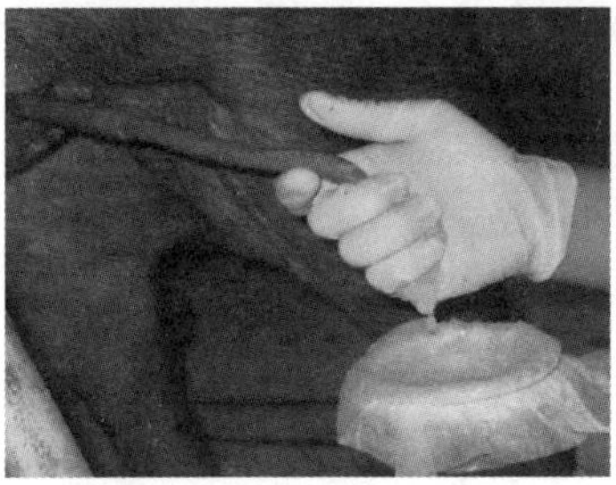

图4-11　手握法采精

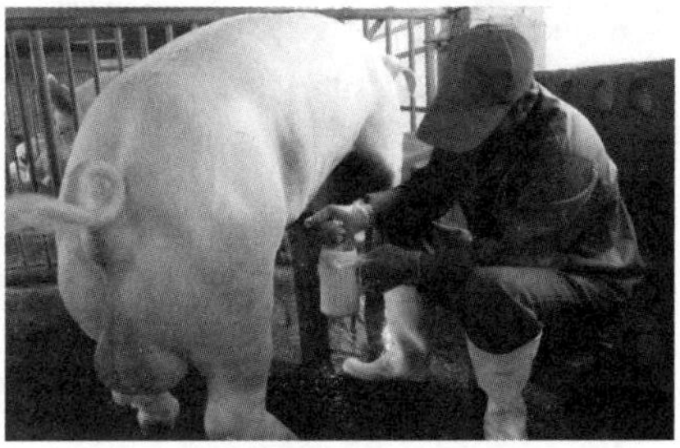

图4-12　手握法采精

2.收集精液

公猪开始射精后，待公猪射出部分清亮的液体后开始收集。如果手中的胶状物较多，可隔着纸巾将胶状物擦除。当公猪开始环顾四周时，说明公猪射精即将结束，可略松开龟头，以观察公猪反应。如果阴茎又开始转动，说明射精没有结束，应立即锁定龟头；如果阴茎软缩，说明射精结束，可结束采精。

3.采精后处理

采精后，小心地将集精杯上的过滤网去掉，防止其掉入集精杯中，将精液送入检验室检查。待公猪自动从假台畜上爬下后，将公猪赶回圈内。

二、精液品质检查

精液品质检查项目很多，原精液品质检查包括直观检查项目（采精量、色泽、气味、pH、云雾状等）和微观检查项目（精子活力、精子密度、畸形率等）。公猪的采精量使用称重方法，一般把重量1克粗略地作1毫升记录。

猪精液呈乳白色、略带有腥味，pH为7.2～7.9，当采精频率较低且只收集浓精液时，也可开到云雾状，平均每次采精量150～300毫升。

精液品质检查的目的是：

1.鉴定精液品质的优劣，确定精液是否可以利用。

2.根据检查结果，了解公猪的营养水平和生殖器官的健康状况。

3.了解公猪的饲养管理和繁殖管理对公猪的影响。

4.反映采精技术水平和操作质量。

5.依据检查结果，确定稀释倍数、保存方法和运输的预期效果。

6.通过检查了解外界环境对公猪生殖力的影响，如高温的影响、空气和水源污染对公猪精液品质的影响等。精子是对外界环境最灵敏的指示剂。轻微的毒物、毒性对人和动物体的反应还不明显的时候，对精液品质早已有了显著的变化。生殖毒理学就是在研究重量毒物、毒性首先影响生殖细胞的理论基础上建立和发展起来的。

（一）材料及用品准备

双目生物显微镜、精液样品、载玻片、盖玻片、擦镜纸、亚甲蓝（或红、蓝钢笔水）、酒精灯、染色缸、染色夹、95%酒精等。

（二）精液检查前的要求和处理步骤

1.精液的初步处理

在采精的同时，集精瓶口覆盖特制的滤精纸或纱布，流入集精瓶的精液已滤去大块的胶状物。

2.精液的外观评定

外观评定可对精液做出初步的判断，并决定是否对精液进行下一步的检查。判定精液是否正常，先看颜色，如颜色为乳白色或灰白色属正常颜色；出现脏物如毛、血、尿、脓，说明精液污染或生殖道患炎症，应立即将精液废弃。检查气味，正常公猪精液具有一种特殊的腥味，但无臭味；精液有臭味或腐味均为异常精液。

3.称取重量或测量体积

将精液放置天平上称重，然后将精液移入2000～3000毫升烧杯，称量集精瓶重，即得出精液重。观察混浊度是精子数量多少（密度大小）的标志。精液像棉絮一样混浊，并滚动如云，说明混浊度好，可用“＋＋＋”表示，中等者为稀，用“＋＋”表示，稀薄不良用“＋”表示。

（三）检查项目

1.精子活力检查

（1）检查方法。平板压片法：把显微镜调至备用状态，将盖玻片与载玻片用擦镜纸擦净，用玻璃棒蘸取一小滴精液（大米粒大小）于预热的载玻片上，置于37 ℃的恒温板上预热片刻，轻轻盖上盖玻片，注意避免产生气泡，盖玻片不移动。于100～200倍显微镜下观察一个视野中呈直线前进运动的精子数目，即100%为1级，90%为0.9级，80%为0.8级，以此类推。活力低于0.7级者，不宜使用。在实际工作中，对原液、稀释后的精液，特别是保存的精液，都要进行活力检查。

（2）评定方法。评定精子活力采用“十级一分制”进行。先用低倍镜找到精子影像，再换至高倍镜（400～600倍）观察。如视野中有60%的精子做直线前进运动，活力计为0.6，以此类推。为了评定结果更为准确，要求检查速度要快；多看几个视野（3～5个），取平均值。

2.精子密度检查

精子的浓度是指单位体积精液所含的总精子数。实际生产中通常结合精子活力检查来估测，根据显微镜下精子的密集程度，把精子的密度大致分为稠密、中、稀三个等级。

（1）稠密。精子充满显微镜的整个视野，精子间的空隙很小，很难容纳1个精子，看不清单个精子运动，精子密度在10亿/毫升以上。

（2）中等。精子之间的空隙可容纳1～2个精子，能看清单个精子运动，精子密度在3亿～9亿/毫升。

（3）稀薄。精子分散于视野内，精子之间的空隙超过1个精子的长度，精子间可容纳3～9个精子，这种精液密度在2亿/毫升以下。

3.精子畸形率检查

把精液制成抹片，干燥1～2分钟后，用95%酒精固定2分钟，然后蒸馏水轻轻冲洗，干燥片刻，用亚甲蓝或红、蓝墨水染色3分钟，再用蒸馏水冲洗，干燥片刻后镜检，于400～600倍普通显微镜下随机观察500个，计算精子畸形率。

三、精液稀释与保存

（一）材料及用品

新鲜公猪精液、显微镜、显微镜恒温台、载玻片、盖玻片、温度计、猪常温保存稀释液配方所用药品、烧杯、烧瓶、容量瓶、水浴锅、定性滤纸、铁架台、玻璃漏斗、玻璃棒、电子天平等。

（二）精液的稀释与保存

采集的新鲜精液贮存不能超过30分钟，应尽快稀释分装。

1.精液稀释

稀释液配方：葡萄糖50克；柠檬酸钠3克；乙二胺四乙酸二钠1克；青霉素0.6克；链霉素1克；蒸馏水1000毫升。

配制方法：准确称量葡萄糖、柠檬酸钠、乙二胺四乙酸二钠，加少量蒸馏水溶解，待药品全部融化后加至990毫升。稀释后药液用三联漏斗过滤，再放至水浴锅内水浴（95 ℃）消毒10分钟以上。冷却后再加入10毫升含有0.6克青霉素的蒸馏水。

不同的稀释液稀释精液，其保存的时间不同，一般分短效、中效、长效稀释液三种，保存时间分别是1～3天、4～6天、7～9天。稀释剂提前1小时溶解于水，以便使用时其pH较恒定。几种常见公猪精液稀释液配方见表4-1。

表4-1　几种常见公猪精液稀释液配方

单位：克

成分	BTS	Guelph	Zorpva	Reading
保存时间（天）	3	3	5	5
D—葡萄糖	37.15	60.00	11.50	11.50
柠檬酸三钠	6.00	3.70	11.65	11.65
EDTA钠盐	1.25	3.70	2.35	2.35
碳酸氢钠	1.25	1.20	1.75	1.75
氯化钾	0.75	—	—	0.75
青霉素钠	0.60	50万单位	—	0.60
硫酸链霉素	1.00	0.50	1.00	0.50
聚乙烯醇(PVP,Type11)	—	—	1.00	1.00
三羧甲基氨基甲烷（Tris）	—	—	5.50	5.50
柠檬酸	—	—	4.10	4.10
半胱氨酸	—	—	0.07	0.07
海藻糖	—	—	1.00	—
林肯霉素	—	—	1.00	—

注：①总量为1000毫升；②要求双蒸水配制；③抗生素在使用之前加入；④液态状稀释液冰箱保存不超过24小时。

2.精液稀释

测定精液温度，调节稀释液温度，使其与精液温度相同或温差不超过1 ℃。将稀释液沿杯壁缓慢加入大烧杯中，然后轻轻摇动杯子或用消毒后的玻璃棒缓慢搅拌使之混合均匀。如作高倍稀释时，应先进行1∶1低倍稀释，在采精后5分钟内进行第一次稀释。因为精清中含有刺激精子活动及损害精子生存的物质，经第一次稀释后则可保护精子免受精清中有害物质的损伤。缓慢降温，稍待片刻后再将其余的稀释液沿杯壁缓慢加入，稀释到最终浓度。稀释后要求镜检精子活率。

降温的要求是从35 ℃降至26 ℃，每3～4分钟降1 ℃；从26 ℃降至16 ℃期间，每4～5分钟降1 ℃。如需快速从25 ℃移到16 ℃控温水箱保存，应放在泡沫塑料保温盒中或贮精瓶外包裹毛巾数层，以达缓慢降温之目的。

在精液处理过程中小心保护、精心操作是十分重要的。否则精子活力迅速下降、受胎率降低。

稀释倍数的确定：要求原精液活率大于或等于0.7，一般按每个输精剂量含30亿～60亿个精子，输精量为80～90毫升，可计算出稀释倍数。例如：某头公猪一次采精量200毫升，活率为0.8，密度为4亿/毫升，要求每个输精剂量含40亿精子，输精量为80毫升。则总精子数为200毫升×4亿/毫升＝800亿，输精头份为800亿÷40亿＝20个，加入稀释液的量为20个×80毫升－200毫升＝1400毫升。

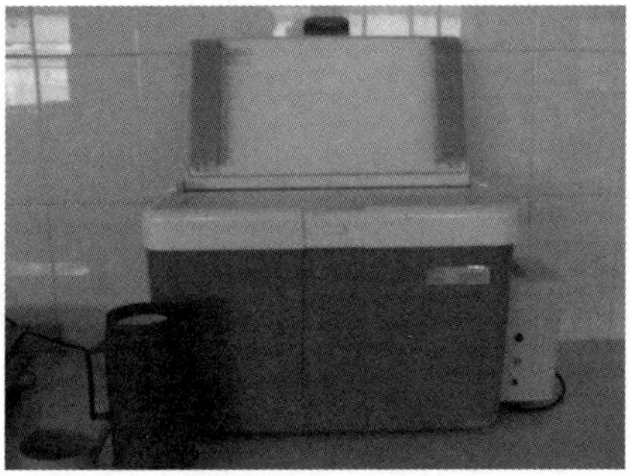
图4-13　保温箱

3.分装

稀释好的精液检查精子活力若无明显下降，按每80～90毫升为1个输精剂量单位，装入带尖头盖的无菌塑料输精瓶或无菌塑料输精袋中。也可大包装保存，用时再分装。分装可用分装机械或手工完成。分装时应装满，尽量排除瓶中空气。分装密封后，要在输精瓶上贴上标签，标明公猪的品种、耳号和采精日期。

4.保存

稀释后精液从33～35 ℃缓慢降温至17 ℃（约1～2小时），再置于17 ℃恒温箱中保存。也可用几层毛巾包裹后直接保存于17 ℃冰箱中。瓶装或袋装的精液保存时均要平放。存放期间，每间隔12小时要晃动摇匀一次，防止精子因长时间沉淀而死亡。同时每天检查、记录恒温箱温度情况，尽量减少恒温箱的开关次数，若出现停电应全面检查贮存的精液品质。用短效稀释粉稀释的精液可保存3～4天，中效稀释粉稀释的精液可保存5～6天，长效稀释粉稀释的精液可保存7～9天，但一般要求在3天内用完。

注意事项：

（1）处理精液过程中要在无菌罩或超净工作台内进行，防止外界微生物侵入。

（2）避免精子所处环境过热过冷，防止湿度突然变化。

（3）杜绝精子和水或有毒、有害化学物质接触。

（4）避免阳光、日光灯直接照射，最好在蓝色光线下操作。

（5）减少精液和空气接触，分装入瓶中，最好灌至瓶颈，以减少接触空气面积，并可在其上层覆盖一薄层液体石蜡阻断空气更好。需长期保存的精液，上层充上氮气，效果更好。

（6）搅拌精液应缓慢、均匀，不可激烈搅拌或震动。

（7）实验室内严禁抽烟和使用挥发性有害液体（如苯、乙醚、汽油、香精等）。

5.运输

对于远距离购精液的猪场，运输的过程是一个关键的环节。保温或防暑条件做得好的，运到几千公里之外，精子活力等还较强，使用效果还是很好，母猪受胎率和产仔数也仍很高；做得不好的，就是同一场内不同时间、地点使用，死精率也是很高，使用效果很差。高温的夏天，一定要在双层保温箱如图4-13所示，放入冰块（17 ℃恒温)，再放精液进行运输，以防止天气过热，死精太多；严寒的季节，要用保温用的恒温乳胶或棉花等在保温箱内保温。

使用冻精，运输时要用液氮罐，因这种技术难度较大，除了国外使用较广外，在猪方面，国内应用还不广泛，故不作详细的介绍。

任务三　人工输精

输精是人工授精技术的最后一个环节，输精效果的好坏，关系到母猪发情期受胎率和产仔数的高低。输精的方法有子宫颈输精法、子宫内（子宫深部）输精法和子宫角输精法。目前广泛应用的是子宫颈输精法。

一、输精时间

母猪最适宜输精时间是在出现静立反射后的12～24小时。为了提高受胎率和产仔数，母猪在一个发情期输精2次。第一次输精在发现母猪发情后12～18小时，第二次输精在前一次输精后的12～18小时。

二、输精量和输入有效精子数

输精量50～100毫升，依母猪体形大小而酌情增减，一次输入有效精子总数不少于20亿个。

三、输精前准备

输精前，首先要对同一批次的保存精液进行品质检查，精子活力≥0.7，方可输精。从17 ℃恒温箱中取出的精液，不需要升温至37 ℃，摇匀后可直接输精。但检查精子活力时，需将载玻片预热至37 ℃。

最好将一头试情公猪赶至待配母猪栏隔壁，使母猪在输精前能与公猪口鼻部接触3～5分钟，刺激母猪性欲高涨。如无公猪，可通过人工搓（侧腹、臀部）、揉（下腹）、托（乳房）、捏（阴门）、压（后背部）对母猪敏感部位进行刺激（如图4-14母猪敏感部位及按摩方向与次序），但按摩力量应适当。同时，用0.1%高锰酸钾水溶液清洗消毒待配母猪外阴、尾根及臀部周围，再用温水浸湿毛巾擦干。注意操作过程应连续，以避免母猪得不到进一步刺激，造成“疲劳”。

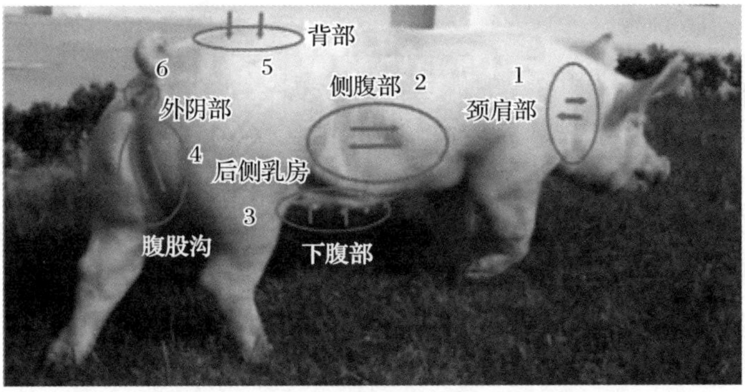

图4-14　母猪敏感部位及按摩方向与次序

四、输精导管的选择

输精导管有一次性的和多次性的两种。一次性的输精管有螺旋头型和海绵头型，长度有50～51厘米。螺旋头型一般用无害的橡胶制成，适合于后备母猪的输精；海绵头一般用质地柔软的海绵制成，通过特质胶与输精导管粘在一起，适合于生产母猪的输精。选择海绵头输精导管时，一应注意海绵头粘得牢不牢，不牢固的则容易脱落到母猪子宫内；二应注意海绵头内输精导管的深度，一般以0.5厘米为宜，因输精导管在海绵头内包含太多，则输精时因海绵头太硬而损伤母猪阴道和子宫壁，包含太少则会因海绵头太软而不易插入或难于输精。一次性输精导管使用方便，不用清洗，但成本较高，大型养猪场一般采用此法。多次性输精导管，一般为一种特制的胶管，因其成本较低可重复使用而较受欢迎，但因头部无膨大部或螺旋部分，输精时易倒流。每次使用后需要清洗、消毒，防止变形。

五、输精方法

输精人员双手经清洗消毒后或戴一次性手套，从密封袋中取出一次性无菌输精管，检查输精管海绵头是否松动，并在海绵头涂上一些精液或专用润滑剂。经产母猪可用大海绵头输精管，后备母猪用小海绵头输精管。每个一次性输精管只能供一头母猪一次输精用，不可重复使用。

输精时先用手抚摸母猪外阴部，左手拇指食指轻轻扳开母猪阴唇，右手持输精管，以30°～45°斜角向上将输精管海绵头一端缓慢插入阴道中，插入时要注意避开尿道口。在输精管进入10～15厘米之后，转成水平插入。当插入25～30厘米到达子宫颈时，会感到输精管前端稍有阻力，这时可逆时针方向转动适度回抽，感觉到子宫颈锁定输精管海绵头。输精过程如图4-15所示。

从精液贮存箱中取出输精瓶（袋），确认公猪品种、耳号。缓慢摇匀精液，用剪刀剪去封头，接到输精管上，并抬高输精瓶，使输精管外端稍高于母猪外阴部，开始输精。输精过程中使母猪与公猪继续保持鼻对鼻的接触，人可以倒骑到母猪背上，并使左手能摸到母猪的侧腹部及后部的乳房，进行相应按摩，刺激母猪使其子宫收缩产生负压，将精液自然吸纳。决不能用力将精液快速挤入母猪生殖道内。若出现精液倒流时，可停止片刻再输。

输精时间以5～10分钟为宜，可通过控制输精瓶或袋的高低来调节输精时间。精液输完后不要急于抽出输精管，取下输精瓶，把输精管后端向上折起插入输精瓶中，使其滞留在母猪生殖道内，让输精管在母猪活动过程中自然滑落。输精管滑落后，要仔细查看输精管前端是否有血迹，从而判断是否插错位置或插入力度是否太大。

输精完毕，认真记载母猪配种记录卡。输精后21天左右及以后随时要对母猪进行返情检查，以保证没有妊娠的母猪及时返回配种群，重新进行配种。

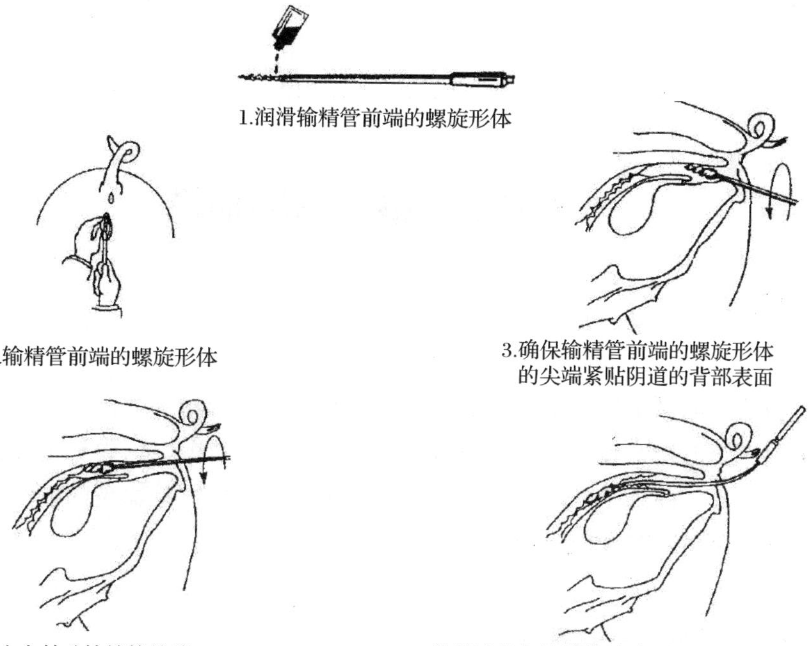

1.润滑输精管前端的螺旋形体

2.插入输精管前端的螺旋形体

3.确保输精管前端的螺旋形体的尖端紧贴阴道的背部表面

4.逆时针方向转动输精管前端的螺旋形体以锁住子宫颈

5.将精液管与输精管前端的螺旋形体连接，并抬高精液管以驱使精液流入

图4-15　输精过程

项目三　猪的深部输精

猪的深部输精技术是一种能够将精液直接送至母猪子宫体内，从而高效利用公猪精液的繁殖技术，能够有效地降低输精量。目前，国内对于该技术的使用仍不规范。此外，在输精量上，国内不少猪场仍用常规输精的输精量进行输精，这不仅不能实现最佳的输精效果，还造成了公猪精液的浪费。

一、猪的深部输精分类

根据输精的不同部位和方法将猪深部输精技术分为输卵管输精法、子宫角输精法、子宫体输精法三种。

（一）输卵管输精法（IOI）

主要指腹腔内窥镜人工授精技术，即利用腹腔内窥镜装置，通过微创手术，将精液直接输入到子宫与输卵管的连接部，是一种创伤较小的手术。但是，腹腔内窥镜相对于其他的人工授精器械较为复杂，成本也较高，需要较高的专业水平和极为熟练的技术操作，可以应用于要求较高的科研试验。

（二）子宫角输精法

子宫角输精法又称子宫深部输精法（DUI）。子宫深部输精的输精管是将改良的柔韧纤维内窥镜管内置于常规的输精管而制成，这种DUI输精内管的管长1.8米，外周直径4毫米，内圈直径1.8毫米。使用时先将商用常规输精管插入子宫颈形成子宫锁后，再在管内插入DUI输精内管，内管穿过子宫颈，能够顺着子宫腔前进，可将精子输送至子宫角近端1/3处。不仅节省精源，还能够提高一些“脆弱”精子的使用效率，比如冷冻—解冻精子、性控分离精子等。早期的研究表明，母猪在发情到排卵的间隔时间上存在差异，使得一次子宫角输精方式在商业应用中极难操作，一般都采用两次输精的方法，或采用常规技术＋

子宫角输精技术相结合的方式进行输精，母猪的产活仔数相近，但总体而言，采用子宫角输精方式与常规方式相结合的技术，可获得更高的妊娠率，也就是说子宫角输精法最好进行两次输精，并需结合常规输精技术。

（三）子宫体输精法（IUI）

子宫体输精法也称为子宫颈后人工输精（Post Cervical Insemination，PCI），是将输入的精液越过母猪子宫颈直接送达子宫颈后的子宫体。现在常用的输精管有两种，一种是管内袋式，外观与普通输精管基本相似，但在输精管的顶部连接一个可延展的橡胶软管（置于输精管内部），在输精初期通过用力挤压输精瓶，使橡胶软管向子宫内翻出，穿过子宫颈而将精液导入子宫体内，如美国生产的AMG管。另一种是管内管式，在常规输精管内部加有一支细的、半软的、长度超出常规输精管约15厘米的内导管，能够在常规输精管内部延伸以通过子宫颈进入子宫体。对于因繁殖障碍疾病引起的配种问题，尤其是阴道炎、子宫颈炎、子宫颈口损伤造成的久配不孕母猪，可以提高受孕率。

猪的深部输精是一种能够将精液直接送至母猪子宫体内，从而高效利用公猪精液的繁殖技术。不仅能降低输精量，而且能使母猪的繁殖性能在一定程度上得到提高。此外对一些患有子宫颈口炎症、阴道炎等繁殖性障碍的母猪，能够有效地提高其妊娠率。深部输精不适合初产母猪。

二、母猪深部输精时间

（一）输精时间

输精时间根据膘情、断奶后发情时间确定，有必要时则需进行第二次输精。根据发情时间进行输精，见表4-2输精时间。

表4-2　输精时间表

断奶后发情时间	第一次输精时间	第二次输精时间
1～4天	发情后24小时	与第一次间隔8～12小时
5～6天	发情后12小时	与第一次间隔8～12小时
7天后	发情后立即	与第一次间隔8～12小时

（二）输精方法

深部输精管在常规输精管的内部再套一根细管，输精时当外管到达母猪的子宫颈前端时再调整输精深度，调整好后将公猪精液直接送至母猪子宫体内完成授精。母猪的子宫颈长度一般在10～20厘米，因此在输精时，应根据母猪子宫颈的长度适当选择输精深度，以顺利地将公猪的精液输送至母猪子宫体内。当输精深度过长时，深部输精细管最前端的坚硬部分容易对母猪的子宫体造成损伤，易引发炎症，甚至影响母猪的使用年限。研究表明，10厘米的深部输精效果最佳。输精量15亿/40毫升。

先用常规输精方式将外管固定好于子宫颈皱褶部，然后让母猪放松一会，再进行细管的操作。当细管进至调节好的长度时，将细管固定好后进行输精的操作，在这个过程中，尽量避免触碰母猪的敏感部位如乳房、臀部等，以减少母猪子宫体的收缩次数。

模块五

5

CHAPTER

猪的饲养管理

项目一　后备猪生产

种猪是养猪的基础，种猪的质量直接影响整个猪群的生产水平，而种猪质量的高低又取决于后备猪的选择与引进。猪场后备猪的来源有两个途径，一是自己选留培育，二是从种猪场购买。

任务一　后备猪的引进

在不具备自己选留后备猪的条件时，养猪场（户）就需要引进后备猪，尤其是新建的猪场。要保证引种成功，在坚持适应市场需求、追求最优遗传品质和健康匹配的总原则下，必须做好如下工作。

一、引种的目的

引种时主要考虑本场的生产目的是生产种猪还是商品猪，是新建场还是更新血缘，不同的目的引进的品种、数量各不相同。

原种场一般需要引进同一品种的纯种公母猪，如大白、长白、杜洛克等。

扩繁场一般需引进同一品种的纯种公母猪进行纯种扩繁或不同品种的纯种公母猪杂交扩繁。

大型商品猪场可直接引入二元母猪和终端父本公猪生产商品猪，也可同时引入部分纯种猪。纯种猪用于杂交生产二元母猪，以补充二元母猪的更新需求，降低引种费用和疾病风险。

小型商品猪场和农户可直接引进二元杂种母猪，配套终端父本公猪或二元杂种公猪繁殖三元或四元商品猪。

二、引种时机和时间

引种应避开养猪效益高峰年，如果这时引种，种猪挑选余地小，价位高，引种后繁殖出后代时，很可能又进入下一个低谷期。引进种猪数量较多时，还应分批进行，以增加选择强度和便于有计划地配种。引种应避开当地最冷和最热的季节。新建猪场在决定建场后，可依据引种数量多少先建1～2栋后备猪舍，隔离封闭消毒后先引种。优点是至少提前半年见效益；缺点是不利于防疫，各种设备及设施不完善，不便开展工作。

三、引种体重

许多养猪场户，特别是刚步入养猪行业者都喜欢引进体重大的种猪，觉得引进种猪的体重越大，其生产性能就越好。其实，引进体重过大的种猪极易给今后的生产带来隐患。体重过大的种猪可能是别人挑剩下的猪，不仅挑选余地较小，而且影响引种后的定向培育和免疫计划。引进的种猪一般要求50千克以上，不宜过大。考虑全年均衡生产，还要把体重距离拉开，无论是公猪还是母猪，大、中、小体重应各占一定比例，科学地安排生产计划。同时，公猪的体重一般还应大于母猪。

四、引种数量

如要更新血缘可引进少量公猪、母猪，达到增加或更新血缘的目的即可；如果是新建场，不要按生产规模全部引入，引种数量占本场总规模20%～25%，较适宜。引进公猪时要考虑有足够的血统及数量，防止母猪发情时没有适配的公猪。新猪场如果按生产规模引种时一般引种数要比最大母猪容量多出15%，因为种猪在生产中由于各种原因会进行淘汰。本交时，公母比例为1∶20～1∶25，采用人工授精时，公母比例1∶100～1∶500，在引入公猪时可适当高于这一比例，以免个别公猪不能使用耽误母猪配种。

五、供种场家

1.首先要选择有品牌、信誉度高、有省级种畜禽生产经营许可证、有足够的供种能力和育种技术水平较高的场家。

2.选择场家要把种猪的健康放在第一位，必要时在引种前进行采血化验，合格后再进行引种。重点查种猪的来源、时间、纯度、代次和性能。一般建场时间短，并且种猪来源于国外的可能疾病较少。同时尽量从一家猪场引进，否则会增大发生疾病的风险。

3.选择场家应先进行了解或咨询后，再到场家实地了解情况，切忌盲目考察，以免看到的猪可能只是一些“模特猪”。目前外引品种来自不同国家，或尽管来自同一国家，但是来自不同的育种公司，在体质外形、生产性能方面也会有差别。因此在引进种猪时，不仅要关注种猪来自哪个国家，也要了解来自哪个公司。

选择场家还要把好种猪的环境适应关，引种时要综合考虑本场与供种场家在区域大环境和猪场小环境上的差别，尽可能地做到本场与供种场家环境的一致性。故引种时不宜舍近求远。

六、引种人员

引种是一项技术性和责任心很强的工作，一定要选派有多年实践经验的养猪专业人员进行，如本场无条件时，可聘请有关专家和有实践经验的技术人员参与。

七、现场选种

1.观察健康状况。由于很多种猪场都不提供猪病检验报告，故引种只能通过了解和现场观察来判断猪群的健康状况。选择时在全面了解整个猪群的健康水平和免疫状况的基础上，具体到每头猪要注意观察猪群的营养状况、精神面貌、有无红眼、泪斑、眼屎、粪便形状、尿色、有无咳嗽、气喘、皮肤颜色、采食情况、鼻嘴歪斜（可能有萎缩性鼻炎）、疝气等。必要时可用远红外线体温计测量体温，以判断个体健康状况。

2.观察体形外貌。体形外貌应符合本品种特征，无明显缺陷，活泼好动，眼睛亮而有神，面目清秀，身体匀称，腹宽大而不下垂。值得注意的是不要选择“双肌臀”或“双肌背”体形特别明显的个体，也不能按商品猪的要求和标准选择种母猪。

3.查阅系谱和了解生产性能。挑选的种猪必须有耳号，并附带耳标、免疫标志牌。对预选的个体，通过系谱剔除生长慢和同窝中有遗传缺陷的个体，查清个体之间的血缘关系。纯繁时公母猪间尽量不要有血缘关系，引种数量较大时，每个品种公猪血统应不少于5个，且公母比例、血缘分布要适中。

4.索要各种证明和饲养管理资料。种猪选定后，应要求场家提供他们的种畜禽生产经营许可证复印件、动物防疫合格证复印件；饲料配方、免疫程序和饲养管理规程；开具发票、动物检疫合格证明；填写种猪系谱卡和种猪合格证等，以备路上查验和便于引进后的饲养管理。

总之，引种时一定坚持健康第一，性能第二，体形外貌第三的理念。此外，还要注意选种时要心中有标准，切忌进行比较，容易选“花眼”。对公猪的选择要更严格一些。

任务二　后备猪的培育

一、后备猪培育的意义及要求

后备猪指5月龄至初配前留作种用的公母猪（地方品种在60～90千克，国外品种在110～130千克）。此阶段饲养管理对后备猪的培育起着十分重要的作用，也将影响到将来种猪的体质健康、生产性能以及终生的繁殖性能。后备猪要求体质健康，具有本品种典型外貌特征，适应性强，母猪正常发情配种，公猪性欲强，精液品质好。

二、后备猪生长发育规律

（一）体重的增长

体重是身体各部位及组织生长的综合度量指标。体重的增长因品种类型不同而异。在正常的饲养管理条件下，体重的绝对增长随着年龄的增加而增大，而相对增长速度却随年龄的增长而降低，到成年时稳定在一定的水平，老年时多出现肥胖的个体。

（二）猪体组织的生长

猪体的骨骼、肌肉、脂肪生长顺序和强度，随年龄的增长而出现规律性变化。即在不同的时期和不同阶段各有侧重，体躯骨骼、肌肉、脂肪的增长顺序与强度如图5-1所示。以瘦肉型猪为例，骨骼从出生到4月龄相对生长速度最快，以后较稳定；肌肉一直在生长，但4～5月龄以后生长速度稍有减慢；脂肪6月龄以前生长较慢，6月龄以后生长速度加快。后备猪生长发育控制的目标是使骨骼充分发育，肌肉组织生长发育良好，脂肪组织的生长发育适度，同时保证各器官充分发育。

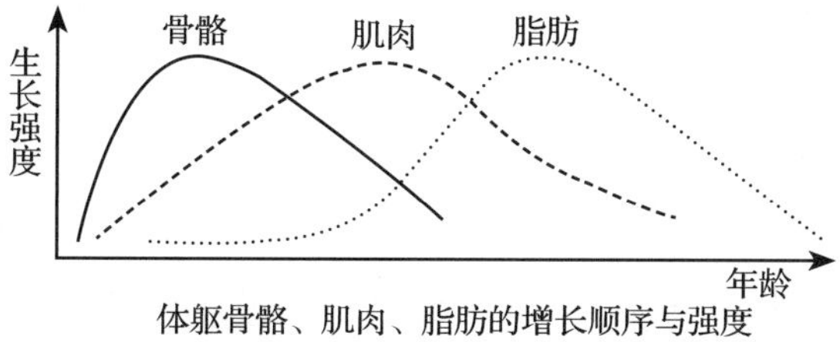

图5-1　体躯骨骼、肌肉、脂肪的增长顺序与强度

三、后备猪的培育

（一）掌握好营养水平

后备猪培育的目标是控制生长速度，定期称重，判断体重是否达标，进行控制，保证体质健康结实。后备猪不同于生长肉猪，肉猪生长速度越快越好，但是后备猪生长速度过快会使其体质不结实，种用效果不理想，特别是后备母猪会影响终身的繁殖和泌乳，其主要后果是后备母猪发情配种困难。应通过限量饲喂和控制总营养水平的方法来培育后备猪，控制其生长速度。

营养水平过高，不仅浪费饲料，而且会使母猪过肥，对配种、怀孕有不良影响；营养水平过低，会使母猪生长发育受阻，推迟初情期，繁殖总成绩降低；而采用中上等营养水平培育的后备猪，增重速度虽然稍慢些，但体质健壮、结实。

合理饲养后备猪需要采取前高后低的营养水平，后期的限制饲喂极为关键，通过适当的限制饲养既可保证后备母猪良好的生长发育，又可控制体重的高速度增长，防止过度肥胖。一般在5月龄前，处于生长发育的旺盛期，给予丰富的营养物质，保证蛋白质、矿物质、维生素等营养及能量的供给，使骨骼和肌肉得到充分的发育；5月龄以后的猪，由于沉积脂肪的能力增强，可适当减少饲料供给量。后备猪育成期日粮饲喂量占其体重的4%左右，70～80千克以后占体重3%～3.5%，日增重控制在450克左右。后备母猪在8月龄左右，体重控制在110千克左右，后备公猪9～10月龄，体重控制在110～120千克。

保证充足的钙、磷，不足时影响骨骼生长发育，影响公、母猪性成熟及配种妊娠及产仔。饲料中添加优质青绿饲料或苜蓿草粉。后备猪营养物质需要如表5-1所示。

表5-1　后备猪营养物质需要

消化能（DE）	粗蛋白质（CP）	钙（Ca）	磷（P）
12.13～12.55兆焦/千克	14%～16%	0.95%	0.8%

（二）注意管理

1.分群

后备猪按品种、性别、体重、体质强弱、采食习性等合理分群饲养。后备猪60千克前每栏可饲养6～8头，60千克以后每栏4～6头，占有面积1.2～1.6平方米/头，如果使用群养栏，相对宽敞，有利于运动和发情。后备母猪第一次发情后，转入限位栏饲养。

2.后备猪舍环境控制

后备猪舍温度控制在20～22 ℃，后备母猪每天不少于18小时且大于150勒克斯的光照强度。要求后备舍至少2米一个灯，猪舍中各个角落没有任何阴影，如图5-2后备猪舍所示的亮度，确保在猪舍任何角落都可以看清楚报纸上的小字。

图5-2　后备猪舍

3.适当运动

放牧运动、驱赶运动或降低栏内密度，强迫其行走运动，也可换栏舍运动，运动促进母猪发情。

4.调教

培养饲养人员与猪的感情，观摩配种、采精训练等，严禁粗暴对待猪只，应建立人与猪和睦关系，利于以后配种、接产、产后护理，训练猪养成生活规律，定时饲喂，定点排泄，特别针对实体地面栏舍。后备公猪5月龄后每天对睾丸按摩10分钟左右，配种前两周进行观摩配种和采精训练；后备母猪诱导发情。

5.定期称重

每月称重1次，检验饲养效果，调整饲粮和日粮。称重作为后备猪选种依据，又可根据体重适时调整营养水平和饲喂量，可控制生长发育。

6.驱虫和免疫接种

配种前驱虫、免疫，配种后尽量减少不必要的应激。

7.后备母猪诱导发情

当后备母猪70～80千克，150～160日龄时诱导发情。诱导母猪初次发情的方法有：

（1）当母猪体重70～80千克，安排母猪栏—公猪栏—母猪栏，母猪每天能看到公猪或闻到其气味，或头能互相碰触，均有利于刺激母猪发情之效果。一般较多把公猪栏设计在母猪栏对面、设在待发情母猪之旁边或在母猪栏中间设置几栏公猪栏。

（2）把公猪放入母猪栏，每天接触15分钟，每天2次，连续10天，母猪提前发情30～40天。公母比例以1∶5～1∶15最好。诱情公猪必须是性欲好、唾沫丰富、味道浓，善于与母猪交流的公猪。

（3）后备母猪在160～170日龄时，让其观摩母猪配种。

（4）经过仔细的诱情工作后，后备母猪在210日龄仍然无任何发情表现者，每头后备母猪肌注一头份PG 600进行催情，发情者记录发情时间，下个情期发情后配种，不发情者255日龄仍无发情表现则淘汰。

四、配种技术

（一）公猪、母猪适宜的初配年龄

后备公猪8～10月龄，体重110～130千克；后备母猪8～9月龄（233日龄），体重100～120千克。

母猪配种管理技术

（二）母猪发情鉴定

母猪喂料后半小时进行发情鉴定，每天2次发情鉴定，上、下午各1次，检查采用人工查情与公猪试情相结合的方法。发情鉴定人员重点寻找根据后备猪年龄推算出来的将要发情的母猪或是断奶后1周左右的母猪。

（三）配种

1.配种时间

母猪的发情周期平均21天，每次可持续40～70小时。排卵时间在后1/3，而初配母猪要晚4小时左右。现代引进品种母猪在每个发情期内的排卵数一般为20枚左右，排卵时间为6小时；地方品种猪每次发情排卵为25枚左右，排卵持续时间10～15小时。

精子在母猪生殖道内保持受精能力时间为10～20小时，卵子保持受精能力时间为8～12小时。母猪发情持续时间一般为40～70小时，但因品种、年龄、季节不同而异。瘦肉型品种发情持续时间较短，地方猪种发情持续时间较长，青年母猪比老龄母猪发情持续时间要长，春季比秋冬季节发情持续时间要短。具体的配种时间，应根据发情鉴定结果来决定，一般大多在母猪发情后的2～3天。老龄母猪要适当提前做发情鉴定，防止错过配种的最佳时期；青年母猪可在发情后3天左右做发情鉴定。本交配种应安排在静立反射产生时，而人工授精的第一次配种应安排在静立反射产生后的12～16小时，第二次输精安排在第一次输精后12～14小时。

2.母猪配种方式

（1）单次配种。母猪在一个发情期内只配种1次。省工、省事，受胎率较低，实际应用较少。

（2）重复配种。母猪在一个发情期内用1头公猪配种2次以上，时间间隔8～12小时。提高受胎率和产仔数，多用于纯种繁殖场。

（3）双重配种。母猪在一个发情期内，用2头公猪分别交配，时间间隔5～10分钟。提高受胎率和产仔数，适用于商品猪场。

3.配种方法

（1）人工辅助交配。配种场地选择在地势平坦、地面坚实而不光滑的地方。配种场地面应使用人工草皮、橡胶垫子、水泥砖、木制地板或在水泥地面上放少量沙子、锯末以利于公、母猪的站立。配种栏的规格一般为长4.0米、宽3.0米。配种栏周围要安静无噪声、无刺激性异味干扰，防止公、母猪转移注意力。

公母猪交配前，首先将母猪的阴门、尾巴、臀部用0.1%的高锰酸钾水溶液或者0.1%过氧乙酸水溶液擦洗消毒。将公猪包皮内的尿液挤干净，使用同样的消毒剂将包皮周围消毒。配种人员戴上经过消毒的橡胶手套或一次性塑料手套，准备好配种的辅助工作。当公猪爬跨到母猪背上时，用一只手将母猪尾巴拉向一侧，另一只手托住公猪包皮，将包皮口紧贴在母猪阴门口，这样便于阴茎进入阴道。公猪射精时肛门闪动，阴囊及后躯充血，一般交配时间为10分钟左右。当遇到公猪与母猪体重差距较大时，可在配种栏地面临时搭建木制的平台或土台，其高度为10～20厘米。如果公猪体重、体格显著大于母猪，应将母猪赶到平台上，而将公猪赶到平台下。当公猪爬到母猪背上时，由两人抬起公猪的两前肢，协助母猪支撑公猪完成配种；反过来如果母猪体重、体格显著大于公猪，应将公猪赶到台上，而将母猪赶到台下进行配种。应该注意的问题是地面不要过于光滑；把控好阴茎方向，防止阴茎插进肛门；配种结束后不要粗暴对待公、母猪。公、母猪休息10～20分钟后，将公、母猪各自赶回原圈栏，此时公猪注意避免与其他公猪见面接触，防止争斗咬架，然后填写好配种记录表，一式两份，一份办公室存档，另一份现场留存，用于配种效果检查和生产安排；或将配种资料存入计算机，并打印一份，便于现场生产及配种效果检查。

（2）人工授精（查看人工授精输精环节）。为了确保受胎率和产仔数，养殖场多实行2次输精，时间间隔为12～14小时。

4.配种制度

根据市场需要、养殖场生产条件、生产水平和种猪状况，可将母猪的配种情况划分为常年配种和季节配种两种。

（1）常年配种。常年配种就是一年四季的任何时期都有母猪配种。这样做可以充分利用圈舍及设备，均衡地使用种猪，均衡地向市场提供种猪、仔猪或商品肉猪。但常年配种、均衡生产需要一定的生产规模，规模过小时，达不到降低成本的目的。

（2）季节配种。将母猪配种时间安排在有利于仔猪生长发育的季节里，减少保温防暑投入。但种猪利用不均衡，圈舍设备利用不合理。一般适合在北方生产规模较小的猪场采用。

任务三　母猪膘情鉴定

一、背膘测定的位置

测定背膘部位为P2点位置，P2点位于最后一根肋骨的外切横截面，距离背中线6.5厘米处，背中线两边对称取点都为P2点。确定P2点较便捷的方法是用食指沿着腹部侧面按压并向前移动找到最后一根肋骨，同时用大拇指指向母猪脊椎背中线，取6.5厘米处的位置即为P2点。背膘部位测定过程如图5-3至图5-9所示。

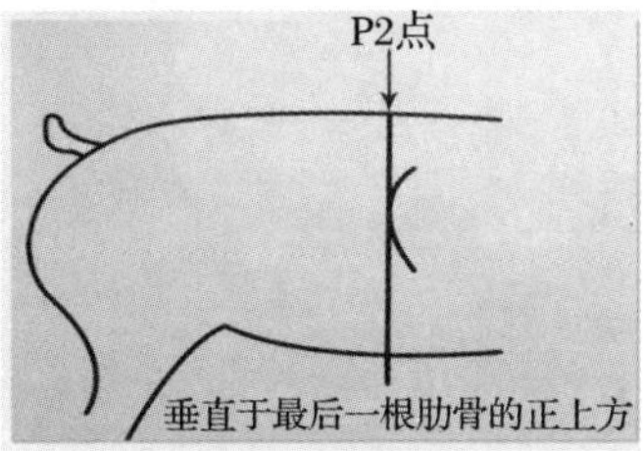

图5-3　P2点

图5-4　最后一根肋骨

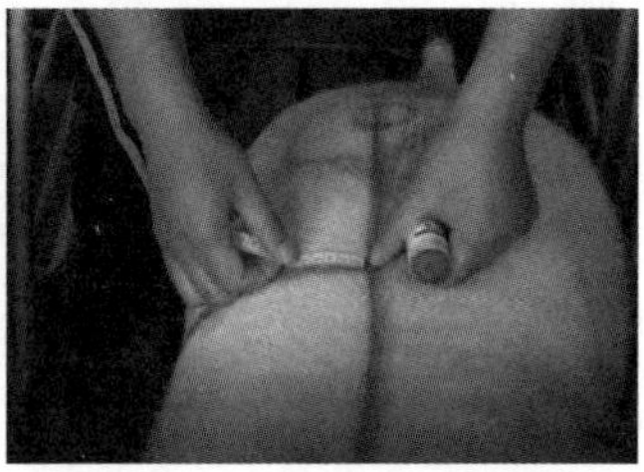

图5-5　距离背中线6.5厘米处

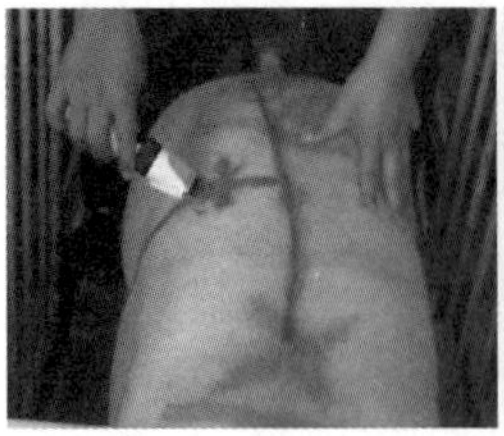

图5-6　剔除P2点被毛

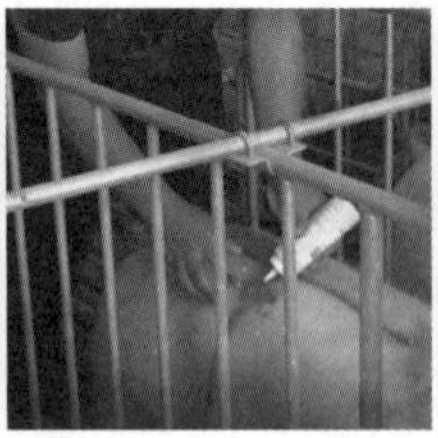

图5-7　P2点涂抹耦合剂

图5-8　用背膘测定仪测定

图5-9　读数

二、背膘测定的时间

背膘测定的时间与母猪的体况评分相同，通常在断奶当天、38天、100天、上产床当天进行测量；后备母猪还可以在150日龄进行1次测量，评估后备母猪的背膘生长情况。背膘测定时间的设定原则是将背膘监控与母猪的饲养管理相结合，通过调整营养和饲喂量及时调整母猪背膘，以达到理想的范围。

三、背膘评分

不同日龄猪最佳背膘厚度评分如表5-2、表5-3和图5-10所示。

表5-2　背膘厚度评分

背膘厚度	小于10毫米	10～14毫米	15～18毫米	19～22毫米	大于22毫米
体况得分	1分	2分	3分	4分	5分

表5-3　不同日龄猪最佳背膘厚度评分

阶段	150日龄	230日龄（配种）	260日龄	190日龄	分娩	断奶时
背膘（毫米）	11～12	16～18	16～18	16～18	18～20	16～18

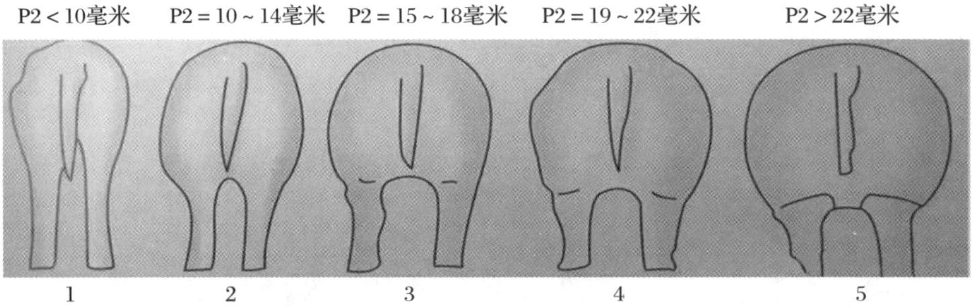

图5-10　背膘厚度评分

项目二　种公猪的饲养管理

种公猪指经过检定合格留作种用的公猪。饲养管理的目标是体质结实，体况不肥不瘦，精力充沛，性欲旺盛，精液品质良好，配种受胎率和产仔数高，并延长其使用寿命。

养种公猪要领：配种是目的，营养是基础，运动是调节，精液品质检查是监督。种公猪重要性是公猪好，好一坡；母猪好，好一窝。自然交配公母比例1∶20～1∶30，一年繁殖的后代就是400～600头后代；如果人工授精，一头公猪一年可以配种500～600头母猪，一年繁殖的后代在万头以上。如果公猪有问题，它的后代都有问题。生产中常使用纯种公猪，杂种公猪少见。在饲养中纯种公猪比杂种公猪难养。

一、种公猪的选择和引入

（一）种公猪种类

1.纯种公猪

常用的纯种公猪有长白猪、大白猪、杜洛克、皮特兰等。用作保种、本品种选育、生产商品配套系、杂交生产。

2.杂种公猪

常用杂种公猪有长白×大白、杜洛克×汉普夏、皮特兰×杜洛克等。用于商品猪生产、商品配套系中的终端父本。

3.种公猪的引进

引进的种公猪必须在隔离舍观察30～60天。运输过程中注意充足饮水，额外添加电解质、维生素、益生菌和中药应激成分。

（二）种公猪的选择

种公猪要选择生长速度快、饲料转化率高、背膘薄的品种或品系。种公猪一般要求体形高大、前宽后宽、头颈清秀、腮小、腰背长而平宽、睾丸匀称饱满、无包皮积液、结构紧凑、臀部丰满、尾根高、四肢粗壮、蹄底坚实、雄性特征明显、健康（猪瘟、伪狂犬抗原阴性，蓝耳双阴，无其他重大传染疾病）、胴体瘦肉率高、生长速度快、饲料转化率高。不要选择有运动障碍、站立不稳、直腿、高弓背的公猪，以免影响配种。

（三）种公猪的引进

引进的种公猪必须在隔离舍观察30～60天（4～8周）。种公猪在运输过程中注意充足饮水，额外添加电解质、维生素、益生菌和中药应激成分。

二、种公猪饲养

（一）营养需要

种公猪营养需要包括维持需要、配种活动、精液生成和自身生长发育需要。所需主要营养包括能量、蛋白质、矿物质、维生素等。各种营养物质需要量根据其品种、类型、体重、生产情况而定。种公猪自然交配时间长，体力消耗大，如果是人工授精，一周采精1～2次；精液量大；种公猪配种使用集中，负担量大。根据种公猪生产的特点划分为配种期和非配种期，配种期间营养物质需要量高于非配种期。

非配种期：消化能25.1～31.3兆焦/天；蛋白质14%，赖氨酸0.6%，钙0.75%，磷0.6%，维生素、水；日饲喂料量2.0～2.5千克，自由饮水。

配种期：消化能32.4～38.9兆焦/天；蛋白质16%，赖氨酸0.6%，钙0.75%，磷0.6%，维生素、水；日饲喂料量2.5～3.0千克，自由饮水。

（二）种公猪饲养

种公猪必须进行科学饲养，才能充分发挥其种用价值，否则将会影响繁殖性能。种公猪最好使用全价配合饲料。种公猪饲料中不能添加棉籽饼粕，因其含有较多的棉酚，对种公猪睾丸的生精机能等有不利的影响。种公猪的饲料以精饲料为主，适当搭配青绿饲料，控制能量饲料，要限量饲喂，防止体况过肥，也不要饲喂太多的粗饲料，避免造成“草包肚”妨碍配种。

种公猪饲养的总体要求：（1）饲粮营养全面，注意氨基酸平衡。（2）适当搭配青绿饲料，提高适口性。种公猪以精饲料为主，搭配青绿多汁饲料。0.5～1千克/天为宜。（3）定时、定量。（4）适时调整饲喂量和营养水平，保持七八成膘情。种公猪膘情评分如图5-11所示。公猪基础饲喂量2.5～3.5千克；每两周要对公猪进行一次体况评分和调料，使其保持良好的体况；饲喂量至少按2餐进行，避免腹部过大、下垂；每次采精后，额外奖励公猪100克饲料；20 ℃以下，每降低1 ℃需要100克的额外饲料；实际的饲喂量是根据体况评分来确定的，评分低于标准时要添加额外的饲料，评分高于标准时要减少饲喂量。同时也要考虑不同的基因型、环境因素和工作负担的补偿作用。公猪体况作为一个重要指标，它会影响公猪性欲、精子产量以及爬跨的能力。公猪体形不能超过3分、20毫米背膘。根据公猪的体况，调整饲喂量。

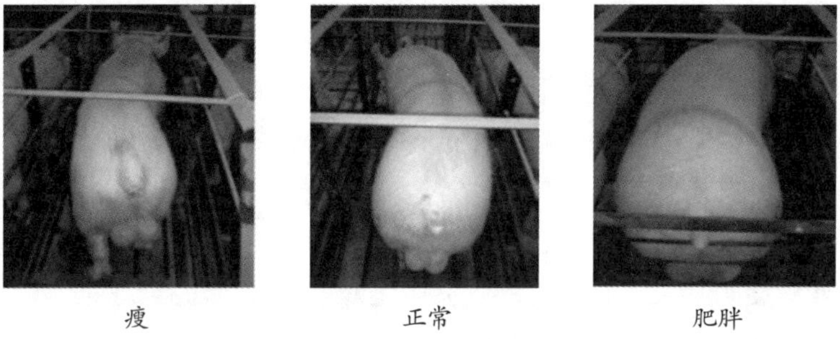

图5-11　种公猪膘情评分

三、种公猪的管理

（一）单圈饲养

公猪在6月龄左右，体重70～80千克时即可达到性成熟，这时应进行公母分群饲养，防止乱交滥配，同时，分群后的公猪多实行单圈栏饲养，单圈栏饲养每头公猪所需面积2米×2米。单圈栏饲养虽然浪费一定建筑面积，但是可以防止公猪间相互爬跨和争斗咬架，同时也便于根据实际情况随时调整饲粮和日粮。当公猪间出现咬架现象时，应用木板隔开或用水冲公猪的眼部，然后将公猪驱赶开。种公猪单栏饲养如图5-12所示。

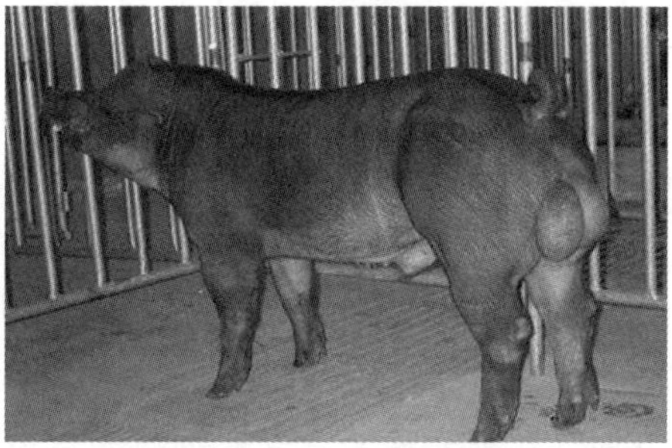

图5-12　种公猪单栏饲养

（二）运动

为了保证公猪膘情、增强体质、提高精子活力，公猪应进行一定量的运动。运动形式有驱赶运动、自由运动和放牧运动三种。工厂化养猪场适于驱赶运动，每天上下午各运动1次，每次运动1～2小时，每次运动里程2千米。加强公猪运动，如图5-13所示。

图5-13　加强运动

（三）公猪采精训练

瘦肉型种猪一般在7月龄时开始训练采精，调教方法有以下几种。

1.观摩法

将小公猪赶至待采精栏，让其旁观成年公猪交配或采精，激发小公猪性冲动，经旁观2～3次大公猪和母猪交配后，再让其试爬假台畜进行试采。

2.发情母猪引诱法

选择发情旺盛、发情明显的经产母猪，让小公猪爬跨，待小公猪阴茎伸出后用手握住螺旋阴茎头，有节奏的刺激阴茎螺旋体部可进行试采。

3.外激素或类外激素喷洒假母猪台畜

用发情母猪的尿液，公猪的精液，包皮冲洗液喷涂在假母台畜背部和后躯，引诱新公猪接近假台畜，让其爬跨假台畜，如图5-14所示。

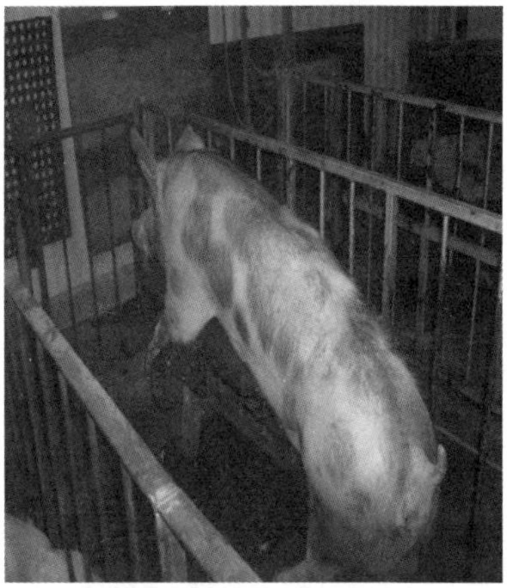

图5-14　公猪爬跨台畜

对于后备公猪，每次调教时间一般不超过15～20分钟，每天可训练1次，一周最好不要少于3次，直至爬跨成功。

采精训练具体做法如下：使用金属或木制的与母猪体形相似、大小相近的台猪，固定在坚实的水泥地上，台猪的猪皮应进行防虫蛀和防腐防霉处理。前几次采精训练前应涂上发情母猪尿液或黏液，便于引诱公猪爬跨。先将公猪包皮内残留尿液挤排出来，并用0.1%的高锰酸钾溶液将包皮周围消毒。然后将发情母猪赶到台猪的侧面，让被训练公猪爬跨发情母猪，当公猪达到性欲高潮时，立即将母猪赶离采精室，再引导公猪爬跨台猪。当阴茎勃起伸出后，进行徒手采精。采精训练应连续进行5～6天，以巩固建立起来的条件反射。训练成功的公猪，一般不用再进行本交配种。训练公猪采精时要有耐心，采精室要求卫生清洁、安静、光线要好、温度15～20 ℃。要防止噪声和异味干扰。

（四）采精方法

经训练调教后的公猪，一般1周采精1次，12月龄后，每周可增加到2次，成年后2～3次。采精过于频繁的公猪，精液品质差，密度小，精子活力弱，母猪配种受胎率低，产仔数少，公猪利用年限短；经常不采精的公猪，精子在附睾贮存时间过长，精子会死亡，精子活力差，不利于配种。采精用的公猪的使用年限为2～3年。采精一般有两种办法：

1.假阴道采精法

制造一个类似于假阴道的工具，利用假阴道的压力、温度、湿润度和母猪阴道类似的原理诱使公猪射精而获得精液的办法。此方法只能采集全分精液，要求设备多，清洗费时费力，现在采用较少。

2.徒手采精法（常用）

根据自然交配的原理而总结的一种简单、方便、可行的方法。这种方法的优点主要是可将公猪射精的前部分和中间较稀的精清部分弃掉，根据需要取得精液。缺点是公猪的阴茎刚伸出和抽动时，容易造成阴茎碰到母猪台而损伤龟头或擦伤阴茎表皮，以及搞不好清洁而易污染精液。

徒手采精时，采精员戴上双层医用塑料手套，手套外面不得使用滑石粉，采精员蹲于公猪一侧，待公猪阴茎伸出后即用右手抓住阴茎，握住螺旋头，由轻到重有节奏地紧握龟头螺旋部，并以适度压力，使公猪射精。另一手持集精杯接取公猪精液。由于公猪的射精反应对压力比对湿度更为敏感，只要掌握适当的压力，经过训练的公猪都可以采到精液。

近年来，发现涂抹其他公猪的分泌物如尿液、唾液、精液对徒手采精的新公猪刺激更大；利用外激素喷洒在假母台畜上也可刺激采精，但成本高。假台畜的制作应结实、稳定、高度可以调节，便于公猪爬跨。假台畜用钢木结构时，外面选盖一厚层弹性泡沫塑料，中间垫一层麻布，外用厚帆布或用剥制熟化后的猪皮更好。采精场地应平坦、开阔、干净、无噪声。在采精时用录放机播放公母猪自然交配时哼哼声最佳。

假台畜后面垫一块1.5米长、1.2米宽的弹性橡胶垫，可防滑，保护公猪四肢，又易用水冲洗消毒。采精时应固定人员，以免更换人员时，由于不良刺激导致采精失败。集精瓶应在内部垫上一个塑料薄膜袋（可用保鲜膜代替），集精瓶应有600毫升容积，能保持37～38 ℃的双层套杯，中间充40～42 ℃温水即可保温。由于精子对温度（低温）十分敏感，应防止精液突然降温引起不可逆的休克。

采精后精液温度不得低于35 ℃。精液由窗口递给实验室人员，只要称量塑料薄膜袋内精液重量，即可换算成体积，或直接记录精液重量。使用这种方法，所需设备如采精杯、手套、纱布等，不需特制设备，操作简便。

（五）防暑降温

种公猪适宜温度18～20 ℃，湿度60%～75%。一般认为低温对公猪繁殖力无不利影响，高温则严重影响精液品质，最高不能高于25 ℃。夏季采用水帘、喷淋、空调降温等。

（六）定期检查精液品质和称重

种公猪使用前两周进行精液品质检查，使用中每月检查2次。精子活力低于0.7，密度小于1亿/毫升，畸形率18%以上的不能使用。根据精液品质的好坏，调整饲料营养水平、运动和配种（采精）次数等，以保证种公猪体质健壮和提高受胎率。定期称重是检查饲料营养是否恰当的一项措施，应根据体重变化及时调整饲料营养水平和饲喂量。

（七）其他管理

如果公猪脾气很坏，应每隔6个月左右进行一次打牙。用钢锯或建筑上用于剪钢筋的钢钳，在齿龈线处将獠牙剪断，防止公猪咬伤人和猪。公猪每天应进行擦拭猪体，时间5～10分钟，这样既有利于皮肤卫生和血液循环，又有利于“人猪亲和”，便于使用和管理。

种公猪还应根据本地某些传染病的流行情况，科学地进行免疫接种，定期对种公猪进行血清检测，随时淘汰阳性者。公猪每年至少进行2次驱虫，驱除体内外寄生虫。

四、种公猪利用

初配年龄：种公猪初配年龄9月龄，体重达到110～120千克时配种。

配种强度：初配种公猪每周配种2～3次，成年种公猪每周配种6～7次。连续配种1周，休息1天。

人工授精种公猪：10月龄以下，每周1次，10～12月龄种公猪每周采精1～2次，12月龄以上种公猪每周采精2～3次。

种公猪利用年限：一般3年左右，国外利用年限2～2.5年。

注意事项：饲喂前后1小时不应配种。严禁配种结束立即饮冷水或洗澡。

项目三　母猪的饲养管理

任务一　妊娠母猪饲养管理

一、母猪妊娠诊断

妊娠诊断是母猪繁殖管理上的一项重要内容。配种后，应尽早检出空怀母猪，及时补配，防止空怀。这对于保胎，缩短胎次间隔，提高繁殖力和经济效益具有重要意义。母猪早期妊娠诊断方法很多，猪场常用观察法和超声波诊断法两种方法。

（一）观察法

配种后第三天开始用公猪检查母猪是否返情，第五周、第八周进行两次B超孕检。

母猪配种后3周未见再度发情，表现为食欲旺盛，膘情渐增，性情温顺，被毛有光泽，尾巴下垂，阴门缩成一条线，驱赶时夹着尾巴走路等现象。

（二）尿液检查法

取母猪早晨排出的尿液10毫升放进透明玻璃杯中，再加入几滴醋，然后滴入碘酒，在温火上加热煮开。如尿液呈红色即怀孕，如果尿液呈浅黄色或褐绿色，冷却后颜色很快消失，就说明没有怀孕。

（三）超声波诊断法

目前在养猪生产中应用的主要有A型和B型超声波妊娠诊断仪。A型超声波诊断仪是在母猪配种30～45天，以其发射的超声遇到充满羊水而增大的子宫发出的声音来检查母猪是否仍妊娠。B型超声波妊娠诊断仪是在母猪配种25～30天后，对母猪腹部进行扫描，孕检姿势及位置如图5-15、图5-16所示，观察胚胎液泡或心动的变化来检查母猪是否妊娠。其诊断准确率高，时间早、无伤无痛，可重复进行。但设备价格较高，且需要熟练的技术。B超仪如图5-17所示。

探查方法：靠近后肢股内侧的腹部或倒数第Ⅰ～Ⅲ对乳头之间，探头与体轴平行朝向母猪的泌尿生殖道进行滑动扫查或扇形扫查。

B超成像如图5-18各个时期孕检所示：

黑色：主要是血液、羊水、组织间隙液等液体及炎症病灶等。

白色：主要指密度较高的物体，包括骨骼、结石等。

灰色：主要指实质性组织，包括肌肉、脏器等。

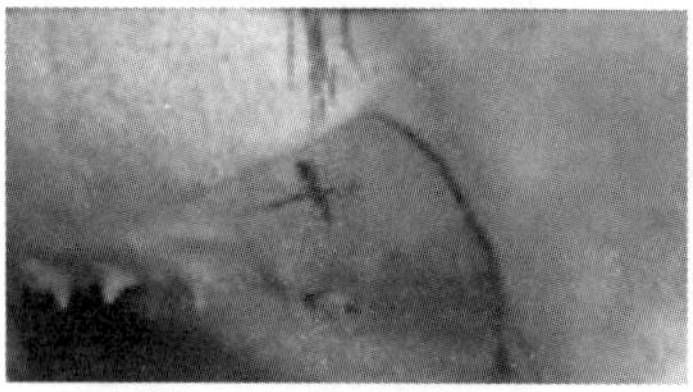

图5-15　孕检位置

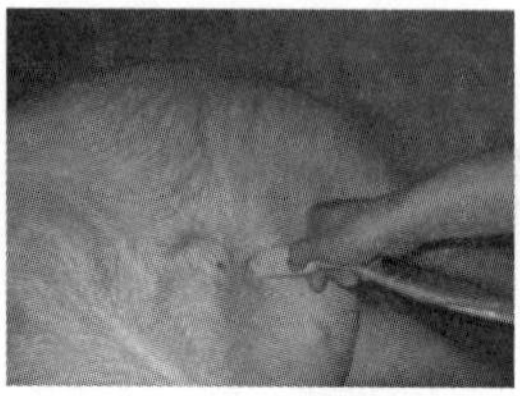

图5-16　孕检姿势及位置

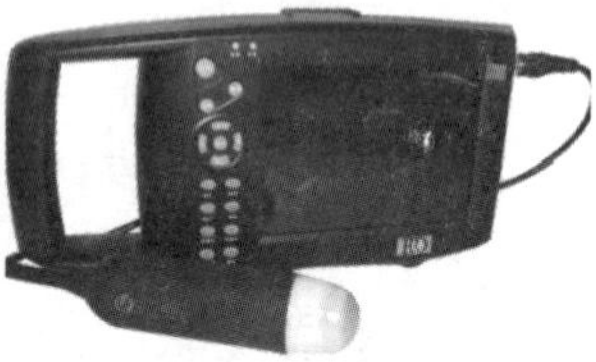

图5-17　B超仪

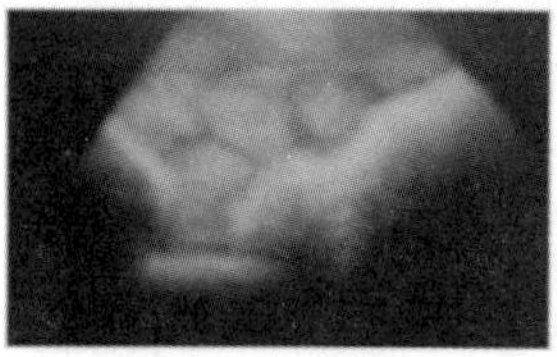

母猪空怀图像

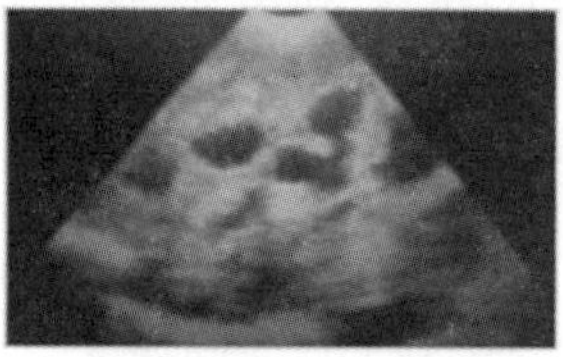

母猪怀孕23天图像

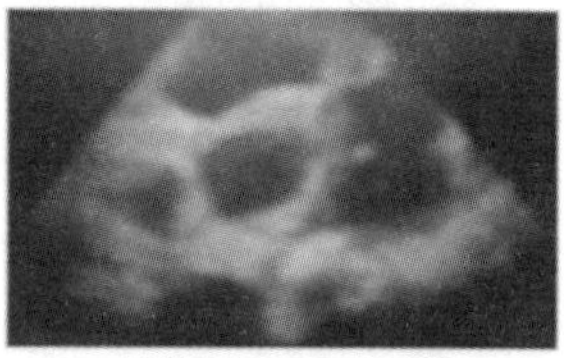

母猪怀孕28天图像

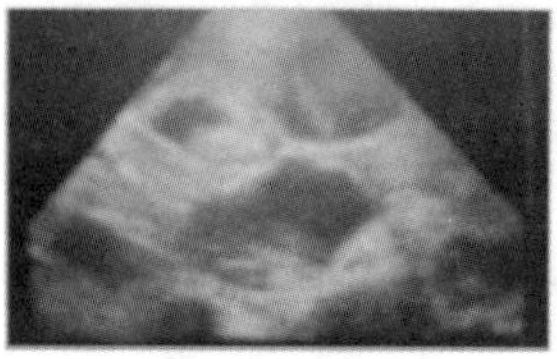

母猪怀孕33天图像

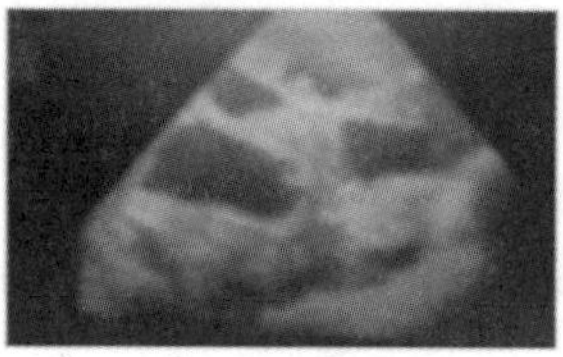

母猪怀孕38天图像

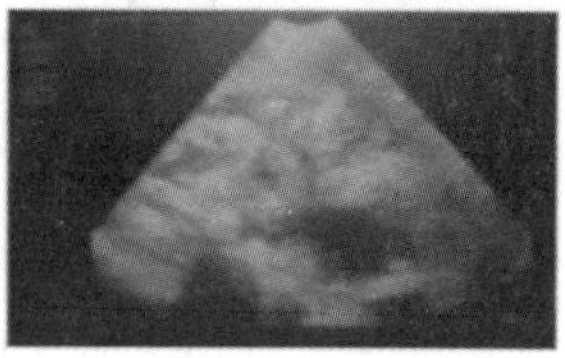

母猪怀孕58天图像

图5-18　各个时期孕检

有条件时应将观察法和B超法结合起来，综合诊断，才会得到准确的结果。一经确定母猪妊娠，应立即采取相应的饲养管理措施。

二、母猪预产期推算

由受精到分娩这段时间称为妊娠期。母猪的妊娠期一般为111～117天，平均为114天。母猪配种时要详细记录配种日期，一旦判定母猪妊娠就要推算出预产日期，以便于饲养管理，做好接产准备等。

（一）三三三法

即在配种日期上加上3个月3周零3天。若某头母猪在4月11日配种，则4＋3＝7月，11＋21＋3＝35天（1个月零5天），该母猪的预产期为8月5日。

（二）公式法

每月按30天计算，则公式为：在配种月份上加4，在配种日期上减6。简称为“加4减6”法。所得日期就是母猪预产期。

在计算过程中，如果配种日期小于或等于6时，应向月份数借1位，规则：借1等于在日期数上加30；如果月份数相加大于12，则应减去12，年度上后延一年。为了精确推算预产期，可进行校正，方法：妊娠期所跨过的大月份数应在预产日期上减去；如果妊娠期经过2月份，应根据2月份的平闰，进行加2或加1，如果是平年应在预产日期上加2，如果是闰年应在预产日期上加1。

（三）查表法

在预产期推算表5-4的第一行数字中找到配种月份数，在左侧第一行找到配种日期数，垂直相交处为预产日期数，由此向上查找到预产期推算表第二行数字，即为预产期的月份数。如2020年2月23日配种，则预产期为2020年6月17日。

表5-4 母猪预产期推算

日	一	二	三	四	五	六	七	八	九	十	十一	十二
月	4	5	6	7	8	9	10	11	12	1	2	3
1	25	26	23	24	23	23	23	23	24	23	23	25
2	26	27	24	25	24	24	24	24	25	24	24	26
3	27	28	25	26	25	25	25	25	26	25	25	27
4	28	29	26	27	26	26	26	26	27	26	26	28
5	29	30	27	28	27	27	27	27	28	27	27	29
6	30	31	28	29	28	28	28	28	29	28	28	30
7	1/5	1/6	29	30	29	29	29	29	30	29	1/3	31
8	2	2	30	31	30	30	30	30	31	30	2	1/4
9	3	3	1/7	1/8	31	1/10	31	1/12	1/1	31	3	2
10	4	4	2	2	1/9	2	1/11	2	2	1/2	4	3
11	5	5	3	3	2	3	2	3	3	2	5	4
12	6	6	4	4	3	4	3	4	4	3	6	5
13	7	7	5	5	4	5	4	5	5	4	7	6
14	8	8	6	6	5	6	5	6	6	5	8	7
15	9	9	7	7	6	7	6	7	7	6	9	8
16	10	10	8	8	7	8	7	8	8	7	10	9
17	11	11	9	9	8	9	8	9	9	8	11	10

续表

日 月	一	二	三	四	五	六	七	八	九	十	十一	十二
	4	5	6	7	8	9	10	11	12	1	2	3
18	12	12	10	10	9	10	9	10	10	9	12	11
19	13	13	11	11	10	11	10	11	11	10	13	12
20	14	14	12	12	11	12	11	12	12	11	14	13
21	15	15	13	13	12	13	12	13	13	12	15	14
22	16	16	14	14	13	14	13	14	14	13	16	15
23	17	17	15	15	14	15	14	15	15	14	17	16
24	18	18	16	16	15	16	15	16	16	15	18	17
25	19	19	17	17	16	17	16	17	17	16	19	18
26	20	20	18	18	17	18	17	18	18	17	20	19
27	21	21	19	19	18	19	18	19	19	18	21	20
28	22	22	20	20	19	20	19	20	20	19	22	21
29	23	—	21	21	20	21	20	21	21	20	23	22
30	24	—	22	22	21	22	21	22	22	21	24	23
31	25	—	23	—	22	—	22	23	—	22	—	24

三、妊娠母猪饲养管理

（一）妊娠母猪特点

妊娠母猪是指配种至分娩前阶段的母猪。

妊娠母猪饲养管理的目标：一是保证胎儿在母体内正常发育，防止流产和死胎，生产出健壮、活力强、初生重大的仔猪。二要保证母猪体况良好，产后顺利进入下一个发情周期。三是保证妊娠母猪的乳房发育，为泌乳做准备。

母猪在整个妊娠期间要完成子宫、胎衣、羊水的增长，胚胎的生长发育，乳腺系统的发育，对于青年母猪自身也要继续生长发育。子宫、胎衣、羊水的增长在妊娠前84天较为迅速，84天以后增长变慢。胚胎生长主要集中在妊娠期的最后一个月内。根据母猪特点将妊娠期划分为四个阶段，即妊娠前期、中期、后期和产前。

青年母猪在妊娠期间自身体重增长5～10千克，经过2次妊娠和泌乳，可以完成其体成熟的生长发育。

青年母猪增重35～45千克，经产母猪增重30～35千克，前期增重慢，后期增重快。

（二）妊娠母猪营养需要

妊娠母猪根据品种、年龄、体重、胎次不同，营养需要量不同。美国NRC推荐妊娠母猪消化能为25.56～27.84兆焦/千克，蛋白质水平为12%～12.9%，钙0.75%，磷0.60%。

（三）饲养方式

1.妊娠前期（0～30天）

配种后前3天：限饲，饲喂量降低至1.5～1.8千克/天，减少受精卵死亡。

4～30天：饲喂量1.8～2.0千克/天。配种后21天内，是胚胎附着子宫角的关键时期。此阶段主要是保胎防流产。此阶段让母猪吃好、休息好，不能驱赶，少运动，保证圈舍清洁卫生、安静，防止机械刺激，高烧等疾病。

2.妊娠中期（31～84天）

从配种后31～84天，这一时期胎儿生长相对缓慢，饲喂量为2.0～2.5千克/天妊娠母猪料。

此阶段摄入的营养主要用于母猪的维持、生长和胚胎的发育，调整饲喂量，达到标准体形。

3.妊娠后期（85～110天）

临产前一个月，胎儿生长发育迅速，同时为泌乳期蓄积营养，饲喂量为2.8～3.5千克/天泌乳期母猪料。

此阶段是决定胎儿初生重的关键时期，此阶段母猪采食不足，会动用其自身的体脂储备以满足胎儿的发育，同时会导致泌乳期的采食量下降。

4.产前（111天至分娩）

预防便秘，顺利分娩。产前24～36小时，饲喂量为2～2.5千克/天，逐渐减少饲喂量至每天采食1.5～1.8千克，产仔当天可少喂。

在实际生产中，母猪的具体饲养方式因母猪的体况而定。

（1）针对断奶后膘情较差母猪：抓两头带中间。

配种前至妊娠初期约1个月左右，饲喂全价饲料＋优质青粗饲料；体质体况恢复后转到正常饲养标准饲喂；妊娠后期（最后1个月），再次提高营养水平，增加精饲料饲喂量，保证胎儿的营养需求和母猪产后泌乳。

形成“高—低—高”营养水平，且后期营养水平高于妊娠前期。

（2）针对配种前膘情较好的经产母猪：前粗后精。

妊娠前期胎儿生长发育缓慢，如果母猪膘情较好，就不需要另外增加较多营养，应适当降低营养水平，日粮组成以青粗饲料为主，而到妊娠后期胎儿生长发育加快，营养需要增多，适当增加精饲料的喂量，提高母猪充足的营养，满足胎儿迅速生长的需要。

（3）针对初产母猪和哺乳期配种的母猪：步步登高。

初产母猪处于生长发育阶段，哺乳期配种母猪任务繁重，营养需求量大，整个妊娠期营养水平应根据胎儿体重的增长情况而逐步提高，到分娩前1个月达到高峰。这样既可以满足母猪的营养要求，也可保证胎儿的正常发育。

（四）饲喂方法

妊娠母猪饲喂量根据母猪的膘情进行饲喂。每2周评估一次妊娠母猪膘情（评估前必须进行饲料称重），并做好记录。尽可能在配种后1个月内调控膘情，将90%的母猪膘情调至正常，整个妊娠期均保持正常膘情，同时注意冬夏膘情的区别。

妊娠期开始肥胖母猪饲喂量1.6千克 /天，正常母猪饲喂量2千克 /天，偏瘦母猪饲喂量2.7千克 /天；按照母猪膘情饲喂，每两周调节一次，每次调料量不得超过0.5千克。

一般要求母猪在妊娠期间总增重应达到45千克左右，这样可维持母猪的最佳繁殖效率。一般采取“低妊娠、高泌乳”的饲养方式。根据母猪膘情和天气等因素给料，严禁喂食霉变、有毒、冰冻和刺激性饲料，保证充足清洁饮水。

防止母猪日粮能量过高，若能量过高会引起以下三种情况：导致母猪过肥，腹脂过多压迫胎儿可引起早产；可引起母猪便秘，导致猪体自身中毒而死胎或难产；易得产褥热。母猪过瘦，仔猪初生重低、仔猪活力差，体况难以恢复。

（五）管理

妊娠期间管理工作以保胎防流产为目的。

1.运动。妊娠第1个月以恢复母猪体力为主，吃好、睡好，少运动，此后充分运动。应有适当的运动，可增强体质，对缩短母猪产程及防难产有益。

2.防寒防暑防疾病，避免机械损伤。妊娠母猪产前注射大肠杆菌基因工程苗防黄白痢。

3.妊娠75～95天是乳腺发育的最关键时期，每天可进行乳房按摩或热敷，促进乳腺组织的发育。

4.产前7天开始减料，按10%～20%的速度减（只减能量饲料，增加麸皮），产仔当天可不喂，瘦小的可少喂，料中加土霉素钙，以预防黄白痢，产褥热。分娩当天可打增效治菌王、增效抗生素等防黄白痢、产褥热的药物。

任务二　分娩与接产

一、产前准备

（一）产房准备

分娩舍要提前彻底清理、清洗、消毒，空置一段时间。

母猪上产床

（二）母猪准备

产前1周转入产房，体表、蹄部消毒；产前3～5天减料，当天不喂或少喂。产前1周饲料中添加泰乐菌素、阿莫西林等减少仔猪下痢，增加3%～5%动物性脂肪，提高仔猪育成率和母猪泌乳力。分娩前，应根据母猪膘情和乳房的发育情况适当调整饲料喂料。

（三）诱导分娩

待产母猪在预产期前1天上午七点注射前列腺素0.1毫克/头，使母猪同期分娩，便于管理。

（四）催产

注射1毫升的催产素在外阴旁边的沟处，接产人员如果使用催产素，一定要注意观察母猪，判断分娩迹象。催产素的使用必须先判断骨盆是否狭窄，胎位是否正常，才决定是否使用催产素，否则不得使用。注射催产素注意：

1.不推荐后备母猪使用催产素，因此，应当非常有限地对它们使用催产素。

2.至少已经分娩一头仔猪。

3.当产仔间隔大于30分钟（且没有努责）时使用催产素。

4.每头难产母猪的催产素使用量最多使用1次。

5.如果注射催产素后15分钟还是没有分娩小猪，进行人工助产。

产前应准备好高锰酸钾或接生粉、5%碘酒、毛巾、刀剪、照明用灯、仔猪保温箱、红外线灯、电热板等。

接产人员指甲要剪平、磨光。接产人员上班后立即到产仔房间巡查母猪正在产仔的情况，根据夜班的产程记录决定是否助产，是否注射催产素。一般如果前一头猪仔出生后，过20～30分

助产

钟还没产，而且母猪时时努责，就需助产。助产时，手臂一定要消毒彻底。下班时，将母猪产仔的情况告诉上中班的人，并认真填写交接班记录。

二、产仔前征兆

（一）分娩征兆

正常分娩姿势

分娩前3周，母猪腹部变大并下垂。用手触摸腹部，微感到胎动，腰脚部凹陷，尾根部两侧也凹陷进去。临近分娩时，外阴部膨软，颜色也由红变紫，乳堤隆起，乳房肿胀而带有光泽，分娩前3天，母猪行动、起卧等动作稳重谨慎，乳头可分泌乳汁，乳堤有点发热，乳房呈“八”字形分开并挺直。突然停食会出现紧张不安、时起时卧，以头撞击栏门或食槽等，拉小而软的屎，尿小尿频，轻捏乳头可挤出浓稠乳汁，则说明即将临产。分娩前几天，前几对乳头挤出乳清，产前几个小时最后乳头挤出乳清，如图5-19所示，个别叼草做窝，行动不安，频频排泄粪尿，出现阵缩，阴门有淡红色或淡褐色黏液流出即羊水流出，如图5-20所示。母猪正常分娩2～4小时，快1小时，慢5小时，超过4小时，则难产。产仔间隔10～15分钟，看母猪是否还在努责，胎衣排出。胎儿分娩过程如图5-21、图5-22所示，胎衣排出如图5-23所示。

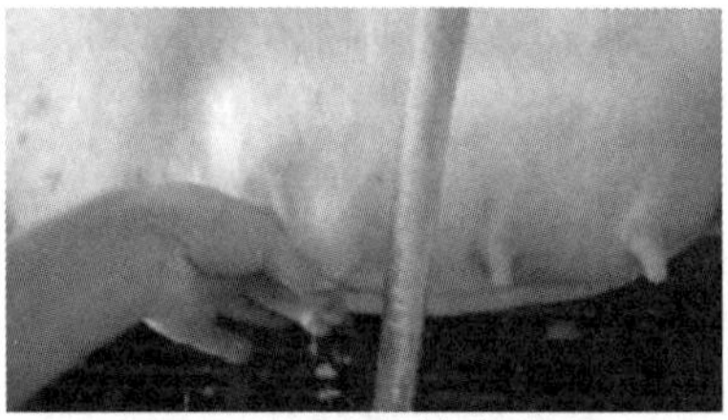
图5-19　产前挤出乳清

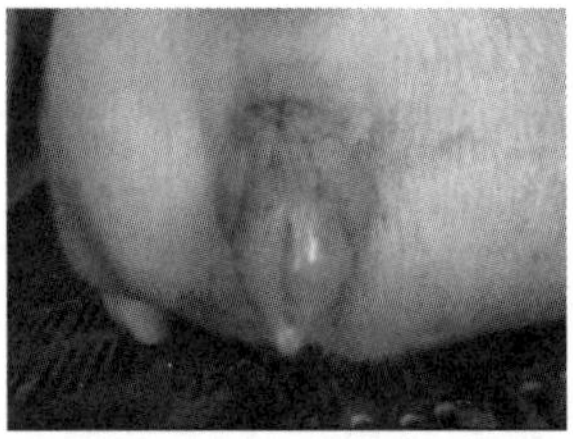
图5-20　阴门红肿

图5-21　胎儿分娩出

图5-22　胎儿分娩出

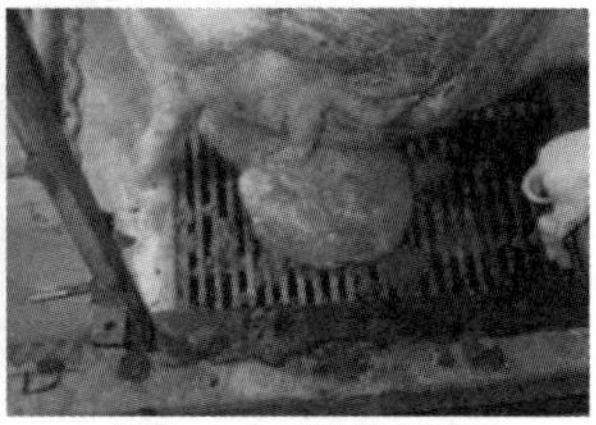
图5-23　胎衣排出

（二）难产的判断及处理

1.难产判断

母猪出现分娩症状，有羊水排出，母猪强烈努责后，甚至排出粪便，1小时内仍无仔猪产出者；子宫收缩无力或产仔间隔过长，产出1～2头后，超过1小时，或者肌注缩宫素15分钟后也无仔猪产出者，有以上情况者即视为难产。

2.助产

助产前先用一次性输精管插入母猪的产道内试探是否有仔猪进入产道，再确定是否助产。助产时要戴上一次性长臂手套，并在其上均匀地涂抹上润滑剂，然后随着母猪的努责间歇将手慢慢地伸入产道内，抓仔猪的后腿或抠住仔猪的下颌缓缓地将仔猪拉出来。如果摸到仔猪是横位（即仔猪横向卡在产道内），应将其顺位让仔猪自己产出，或将仔猪随努责慢慢拉出，拉出一头仔猪后若母猪转为正常分娩，不必再用手去掏；若不转正常分娩，必须一个个掏。总之，尽量使母猪自产，手术助产后，洗子宫，投抗菌药（头孢菌素1克，加蒸馏水100毫升注入子宫），并给母猪注射抗生素或其他消炎药物，以防子宫炎（注射青、链霉素）。

助产方式有多种操作，怎样减少助产、掏产母猪次数，降低母猪炎症、产道损伤，助产前首先需要确定母猪难产方式，属于哪种难产，遇到母猪难产，分析存在几方面原因，如胎儿过大、胎位不正、母猪产仔无力、子宫产道畸形等。针对胎儿过大、胎位不正等情况，不要持续掏产，首先赶母猪站起，赶下产栏，让母猪走动变换胎位；针对产仔无力母猪可以给予母猪借力，用手或是用脚借助压力，从母猪乳房上方向前挤压，减少母猪产无力造成的难产，同时降低母猪难产掏产的次数，减少炎症发生、母猪的损伤。

三、仔猪接产

当母猪安稳地侧卧后，发现母猪阴道内有羊水流出，母猪阵缩频率加快且持续时间变长，并伴有努责时（腹肌和膈肌的收缩），接产人员应进入分娩栏内。若在高床网上分娩应打开后门，接产人员应蹲在或站立在母猪后侧，将母猪外阴、乳房和后躯用0.1%的高锰酸钾溶液或用0.1%的新洁尔灭稀释液擦洗消毒，然后准备接产。

接产的程序做到“掏、断、擦、剪、烤、吃、打、称、记”。

掏：仔猪出生后迅速将口腔内和口鼻部的黏液掏出擦净，以免仔猪窒息而死。

断：断脐，将脐带内的血液向仔猪腹部方向挤压，然后在4～5厘米处断开，断开处用碘酒消毒。若脐带流血过多，可用手指捏住断头，直到不出血为止即可，防止猪出血过多死亡，并防止破伤风杆菌感染或造成脐疝。断尾，用断尾钳剪尾，长度公猪为睾丸上缘，母猪为阴户上缘，断面用碘酒消毒，或烧红的铁片烙，这是防止猪咬尾最有效的办法。

擦：用毛巾或消毒的布擦净新生仔猪身上的黏液，促进仔猪的血液循环，防止感冒，若不擦净，则给细菌提供了有利的生存条件。

剪：用偏口钳或电工用的斜口钳贴近牙龈剪断仔猪8颗小牙，弱仔可不剪断，不要破坏牙床，这有利于弱仔抢占乳头，对提高整齐度有利。

烤：放入保温箱或盒中，用红外灯或200度灯泡将其烤干，防止被压死或冻僵（初生仔猪适宜温度在32～35 ℃，以后每周可降低1～2 ℃）。

吃：让仔猪尽早吃到、吃足初乳，对仔猪获得抗病力非常重要，另外初乳中含有镁盐，有利于胎粪排出，并且增加抵抗外界环境变化的能力。

打：可采用耳号钳，也可采用墨刺法、耳标法。

称：称初生体重（个体重、窝重），检验出饲养妊娠母猪品质好坏，有利于记录，进行窝选，留后备母猪。

记：做好记录，如初生体重、耳号及系谱。

四、假死仔猪急救

假死仔猪是指出生时没有呼吸或呼吸微弱，但心脏仍在跳动的仔猪。遇到这种情况应立即抢救。处理过程中首先用手或布掏出仔猪口鼻中的黏液再施行人工呼吸，将仔猪放平用手有节拍地轻轻拍打胸侧。然后用两手将仔猪仰面托起，一手托着肩部，一手托着臀部，然后一屈一伸做屈伸运动，假死仔猪急救如图5-24所示。采用酒精刺激假死仔猪鼻部或针刺其人中穴，或向假死仔猪鼻端吹气等方法，促使呼吸恢复。挤压脐部，或将仔猪浸于40 ℃温水中，口鼻在外面，约30分钟后复活。在紧急情况下，用0.1%肾上腺素1毫升或地塞米松2毫升，直接注入假死仔猪心脏急救。

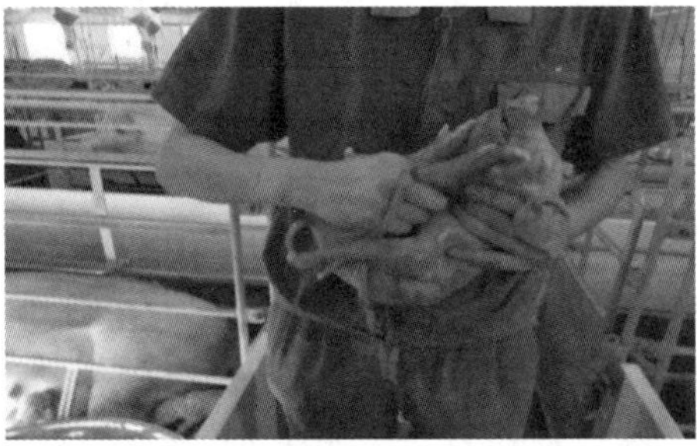

图5-24　假死仔猪急救方法

五、产后护理

（一）卫生

用温水和消毒液清洗乳房、外阴部和后驱的血污，更换垫草，打扫并消毒栏圈，保持圈舍清洁干燥卫生。进行温度控制，根据仔猪表现，调整母猪行为，做到仔猪不冷、母猪不热，产房温度如图5-25、图5-26所示。

图5-25　产房温度控制

图5-26　产房温度控制

（二）营养

产后2～3小时饲喂热麦麸水，解渴通便；产后第1天饲喂2千克，第2天饲喂2.5千克，第3天3千克，4天后正常饲喂，饲喂营养丰富、容易消化的饲料。

对产后体况较好、消化能力强、哺育仔猪头数多的母猪，可以提前加料，促进泌乳。为了促进母猪消化，改善乳质，防止仔猪下痢，可在母猪产后1周内每天喂给25克左右的小苏打，分2～3次溶于水中。对于粪便干硬有便秘的母猪，多饮水或饲喂轻泻作用的饲料。每天喂完料后要对料槽进行一次清理，尽量不要有剩余。

（三）观察

观察胎衣排出与否，与仔猪数量是否一致，防止母猪吞食引起消化不良。观察母猪可能的病理现象，如产后便秘，产后子宫或阴道脱出，产道感染，缺乳少乳，瘫痪，乳腺炎等病变。

观察母猪后方是否有粪便以及粪便形态，如图5-27至图5-29所示，确定母猪是否便秘。对于便秘母猪处理方法是检查母猪供水系统。泌乳母猪一天需要饮用40～80升水。最理想方式就在饲料中与水混合，每次喂料加约8升水。确认饮水器的位置，确保母猪能够饮水。紧急的治疗方法，让猪服用硫酸镁（后备母猪或母猪服用量约150毫克）或服用泻药，例如矿物油（液体石蜡），每只猪约服用500毫升。

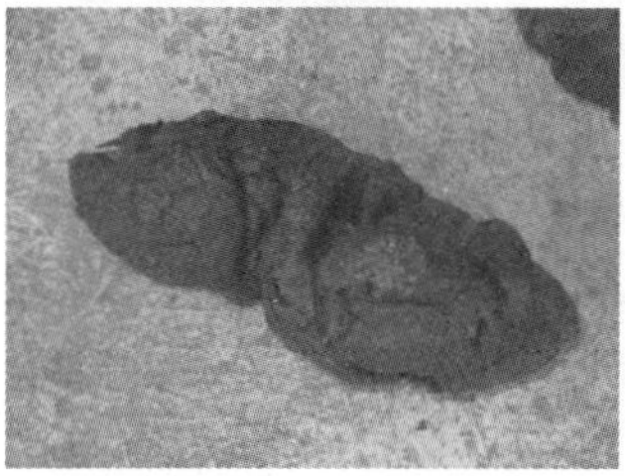

图5-27　正常粪便形态

图5-28　母猪身后的粪便呈硬颗粒状

图5-29　母猪后方无任何粪便

治疗母猪恶露：一般母猪排空胎衣后注射缩宫素2毫升/头，并在产后8小时内注射得米先，剂量为每头母猪1毫升/10千克，产后3天发现母猪恶露不止的，用10～12支青霉素加5支链霉素进行巩固治疗。

（四）加强运动

从产后第3天起，如果天气晴好，可让母猪自由活动，这对母猪恢复体力、促进消化和泌乳等均有益处，但要防止着凉和受惊，运动量不宜过大。

母猪在进行分娩时，生殖器官发生了剧烈的形状变化，机体机能也会随着生产的发生而产生抵抗力明显下降的现象。因此，产后应对母猪进行及时的护理，让产后母猪尽快恢复到健康状态，进而投入正常的生产中。

任务三　泌乳母猪饲养管理

哺乳仔猪的营养物质主要来源于母乳，因此母猪的泌乳力直接影响仔猪的断奶重和成活率。要提高母猪的泌乳力，首先应了解母猪泌乳的基本规律和影响母猪泌乳力的因素，并采取相应的措施提高母猪泌乳力。

一、母猪乳腺的结构特点

1.母猪的乳房结构。母猪一般有6～8对乳头，乳头间相互没有联系，每个乳头有2～3个乳腺管，没有乳池，因此，没有贮藏乳的地方，母猪不能随时排乳，而仔猪也不能随时吃到母乳。母猪的乳房如图5-30所示。

图5-30　母猪的乳房

2.母猪体躯不同部位乳头的分泌管数目不同。一般母猪体躯前中部乳头（前5对乳头）有2～3个分泌管，而体躯后部乳头只有1个分泌管，且母猪的每个乳腺是完全独立，无相互联系。由于处于母猪体躯不同部位乳头的分泌管数目不同，其不同部位乳头的泌乳量则有高低之分，母猪体躯前中部乳头的泌乳量则相对较高，而母猪体躯后部乳头的泌乳量则相对较低。

尽管前部的乳腺泌乳量与仔猪增重呈正相关，但并不是最小的猪一定放在最前面的乳头哺乳，实际生产中最小的仔猪放在第3～4对乳头哺乳最佳，因为最小的仔猪往往够不着最前面的乳头。母猪哺乳如图5-31所示。

图5-31 哺乳

二、母猪泌乳原理

1.每个乳头的分泌性组织是分开的且与其他乳头的分泌组织相互独立。每个乳头中有两条主输乳管，每条主输乳管分化为许多小的输乳管，并最后与乳腺泡相连，故每个乳头有两条乳腺。母猪在泌乳时，乳腺泡周围的上皮细胞从血液吸收营养物质并合成乳汁，乳汁被分泌进入乳腺泡，乳泡周围的肌细胞收缩促使母乳通过乳泡进入输乳管，最终到达乳头的前端。

2.母猪的泌乳受神经和激素双重调节。由于母猪的乳腺没有乳池，因此，仔猪不可能随时吮吸到母乳，只有经过仔猪用鼻拱揉母猪的乳头，通过不断的神经刺激产生促乳素，在促乳素的作用下乳腺泡收缩产生乳汁流淌到乳腺管，从乳腺管流淌到乳头管。

母猪分娩后前1～3天由于母猪体内催产素水平较高，导致无须拱揉刺激即可随时排乳。

三、养好泌乳母猪的目标

养好泌乳母猪的目标是多分泌乳汁；母猪断奶后，空怀母猪尽快发情、配种；母猪断奶时体重损耗为0。实际泌乳母猪3～4周损失体重控制在7.5%以下，背膘厚减少2毫米，断奶后1周左右发情配种。

分娩后24小时内可只饮温水或麸皮汤（麸皮加点玉米面，用开水冲服，可用红糖、人工盐或健胃散），直接饲喂日粮时必须限量，产仔当天不超过0.5千克，然后逐渐增加饲喂量，每天增加1～1.5千克，5～7天达到泌乳母猪饲喂量5.5～6.0千克。母猪平均日采食量6千克/头，分娩后尽快让母猪日采食量最大化，保证泌乳量和窝增重的最大化，同时母猪体失重最少。

四、影响泌乳量的因素

影响泌乳量的因素有品种、年龄、哺乳仔猪头数、营养、乳头位置、环境等。不同的品种或品系其泌乳量不同，一般瘦肉型品种的泌乳量高于肉脂兼用型或脂肪型。正常情况下，第1胎的泌乳量较低，第2胎开始上升，第3、第4、第5、第6胎维持在一定水平上，第7、第8胎开始下降，因此在工厂化养猪主张母猪产后7～8胎淘汰。母猪带仔头数多少将影响泌乳量，带仔头数多，则母猪泌乳量就高，但每头仔猪日获得的乳量却减少了。营养水平高低直接影响着母猪的泌乳量，特别是能量、蛋白质、矿物质、维生素、饮水等对母猪泌乳性能均有影响。为了提高母猪泌乳量，提高仔猪生长速度，应充分满足母猪所需要的各种营养物质。

乳头位置不同，泌乳量不同。原因是乳房内的乳腺体数不同。一般前3对乳头泌乳量高于中、后部乳头。温湿度适宜，安静舒适的环境有利于泌乳，反过来高温、高湿、低温、噪声干扰等环境将使母猪泌乳量降低。

五、缺乳原因及催乳措施

（一）缺乳原因

1.营养方面

母猪在妊娠期间能量水平太高或太低，使得母猪偏肥或偏瘦，造成母猪产后无乳或泌乳性能不佳。泌乳期间，母猪饲喂饲料蛋白质水平偏低或蛋白质品质不好；日粮中严重缺钙、缺磷，或钙、磷比例不当；饮水不足等均影响母猪的泌乳。

2.疾病

母猪患有乳房炎、链球菌病、感冒发烧、肿瘤等疾病将出现无乳或乳量不足。

3.环境应激

高温、低温、高湿、环境应激，母猪年龄过小、过大等，都会出现无乳或乳量不足。

4.中药催乳法

王不留行36克、漏芦25克、天花粉36克、僵蚕18克、猪蹄2对，水煎分2次拌在饲料中饲喂。

（二）催乳措施

确认母猪无病、无管理过失的情况下，可以用下列方法进行催乳。

1.将胎衣洗干净煮沸20～30分钟，去腥后，切碎同汤一起拌饲料分2～3次饲喂。严禁生吃，以免造成消化不良或养成食仔恶癖。

2.产后2～3天无乳或乳量不足，母猪肌肉注射催产素，剂量为每100千克体重10 IU。

3.用淡水鱼或猪内脏、猪蹄、白条鸡等煎汤拌饲料中喂饲。

4.泌乳期间适当喂一些青绿多汁饲料，可以增加母猪的乳量，但要控制量，防止过多饲喂青绿饲料而影响混合精料的采食，造成能量、蛋白质、矿物质营养的摄入量不足，长此下去泌乳母猪身体受损。

项目四　仔猪生产

仔猪是发展养猪生产的基础，仔猪阶段是猪一生中生长发育最迅速、代谢最旺盛、对营养物质最敏感的阶段。仔猪培育的好坏，既关系到养猪生产水平的高低，又对提高养猪生产的经济效益起着十分重要的作用。

任务一　哺乳仔猪的饲养管理

一、初生仔猪的生理特点

（一）无先天免疫力，容易得病

母猪的胎盘结构比较特殊，在胚胎期间母体的免疫物质（免疫球蛋白）不能通过血液循环进入胎儿体内。因而仔猪出生时无先天免疫力，自身又不能产生抗体，只有靠吃初乳获得免疫力。因此，仔猪1～2周龄前，几乎全靠母乳获得抗体，并且随时间的增长，母乳中抗体含量逐渐下降，仔猪在10日龄以后自身才开始产生抗体，并随年龄的增长而逐渐增加，但直到4～5周龄时数量还很少，6周龄以后主要靠自身合成抗体。由此可见，2～6周龄内是母体抗体与自身抗体衔接间断时期，并且3周龄前胃内盐酸又缺乏游离盐酸，对于饲料、饮水和其他环境中接触到的病原微生物无抑杀作用，仔猪易得消化道等疾病。

（二）调节体温能力差，怕冷

由于仔猪出生后皮薄毛稀，皮下脂肪很少，体表面积相对较大，造成仔猪特别怕冷，仔猪调节体温的能力到20日龄时才接近完善。仔猪适宜温度第一周为30～35 ℃；第二周为28～30 ℃；第三周为25～28 ℃；第四周为22～25 ℃。猪只生长最适环境温度，如断奶后13千克的猪27 ℃为最佳，23～35千克的猪21 ℃为最佳，产房温度25 ℃最佳。猪只生长最适宜环境湿度为

60%～70%，湿度过大，会造成肠道、呼吸道疾病。

（三）消化道不发达，消化机能不完善

1.胃肠不发达

仔猪出生时胃重仅4～8克，仅能容纳25～50克乳汁；20天龄时，胃增长到35克，容积扩大3～4倍；60天龄时胃重150克左右，体重达到50千克后达成年猪重量。由于胃的容积小，每次吃奶容纳的乳汁不多。

2.消化液分泌少

由于胃底腺不发达，缺乏游离盐酸，一般3周龄左右胃内才产生少量游离盐酸，以后逐渐增加。仔猪在8～12周龄时盐酸分泌水平接近成年猪水平。没有游离盐酸状态下，胃蛋白酶原不能被激活，胃内不能消化蛋白质。

3.胃肠运动弱

仔猪胃肠运动弱，但胃排空速度较快。随日龄增长胃运动逐渐呈现运动和静止节律性变化，8～12周龄时接近成年猪；仔猪胃排空速度随年龄增长而减慢。因此仔猪易饱、易饿。这也是要求仔猪料容积小、质量高，少喂勤添、日喂次数较多。

（四）生长发育快，代谢旺盛

仔猪出生时体重达不到成年体重的1%，10日龄体重达到初生重的4～6倍，1月龄达到初生重的5～8倍，并且仔猪的生长以旺盛的物质代谢为基础，一般出生后20日龄的仔猪，每公斤体重沉积蛋白质9～14克，相当于成年猪的30～35倍。

二、哺乳仔猪的培育（过三关）

（一）抓初乳，过好初生关

1.及早吃足初乳，固定乳头

（1）为什么要及早吃足初乳？仔猪刚出生没有先天免疫力，吃初乳前，体内没有抗体。母猪分娩时初乳中免疫抗体含量最高，以后随着时间延长而逐渐减少。初乳中含有抗蛋白质分解酶，可以防止免疫球蛋白不被分解，酶存在时间较短。仔猪出生后24～36小时，小肠吸收免疫球蛋白这种大分子物质的能力较强，48小时以后逐渐减弱。

（2）固定乳头的原因。全窝仔猪生长发育整齐均匀，缩小先天差距，提高育成率；母猪乳头的泌乳量多少不一致，前边的乳头泌乳量>中间的乳头泌

乳量＞后面的乳头泌乳量。

固定乳头原则：将体重小、体质弱的仔猪固定在前3对乳头上去哺乳；中等体重、体质的仔猪放在中间乳头位置上哺乳；体重大、体质强的仔猪放在后边乳头上去哺乳。

2.保温防压

仔猪区主要采用保温灯和可调温的保温板，仔猪出生后根据小猪的行为表现适当调整。仔猪温度需求：初生前3天34～36 ℃，4～7日龄32～34 ℃，第2周30～32 ℃，第3周至断奶温度逐渐降低过渡到室温。

仔猪滴鼻　　仔猪补铁

3.补铁、补硒，预防黄疸

仔猪出生后第1天肌肉注射亚硒酸钠维生素E注射液0.5毫升，3日龄内注射铁钴合剂。

如果注射的是右旋糖酐铁钴注射液，一般要求注射2次，新生仔猪3日龄肌内注射1～2毫升，10日龄注射2毫升。也有3日龄1次肌内注射3～4毫升，以后不再注射。还可注射其他铁制剂，如富铁力、牲血素等，按说明使用。补铁如图5-32所示。

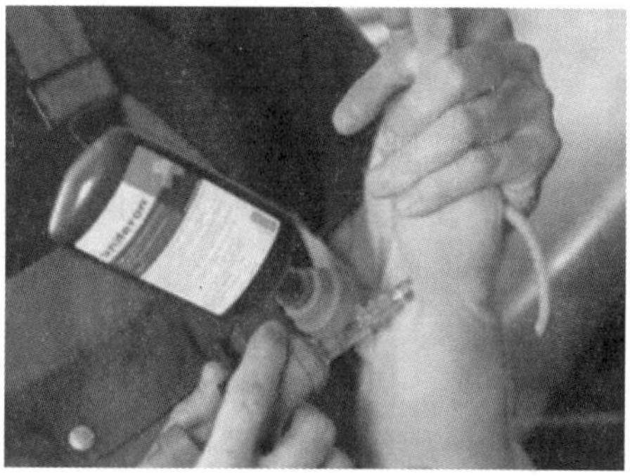

图5-32　补铁

也可以在仔猪出生后2～3日龄，补铁铜溶液。制法是取2.5克硫酸亚铁和1克硫酸铜溶于1000毫升水中，3层纱布过滤，备用。当仔猪吃奶时，用滴管或无针头的注射器，吸取铁铜溶液，滴在母猪的乳头上，让仔猪随乳汁一起吃。

4.寄养、并窝

需要寄养或并窝仔猪：母猪产仔数少于5头；母猪产仔数多于有效乳头数；母猪产后因各种原因无乳，暂时又无法治愈；母猪产后突然死亡。待并或过哺的仔猪，在原母猪那吃2～3天初乳，然后为它尽量选择产期相差3天以内，泌乳性能高，体质好的母猪做“继母”。

寄养工作在做之前首先对母猪进行分类，即什么样的母猪育养什么样的仔猪。质量好（采食情况好，乳房丰满，有效乳头奶水充足）的母猪哺育低行动能力的仔猪，老一些或者有问题母猪哺育大的仔猪，正常的母猪哺育中等个头的仔猪。把低行动能力的仔猪找出寄养到好的质量的母猪下，寄养时间集中在36～48小时（最后一头仔猪产出为第1分钟），保证母猪尽可能多带自己的仔猪，尽量少寄养仔猪，48小时后，将掉队的仔猪统一给继母猪哺乳即可，后备猪带仔猪最好超过12头，可以带到最多的有效乳头数。

寄养原则（尽量原窝）：

（1）36小时内分批哺乳。

（2）1小时1次，超过有效乳头的仔猪才进行分批哺乳，留小挑大，将小猪放入保温箱内。

（3）按照母猪的哺乳能力进行寄养。

（4）后备母猪尽量多带仔，不低于12头。

（5）36～48小时寄养。

（6）48小时后进行每周1次将掉队的小猪挑出让继母猪带奶。

（7）寄养时可以向前寄养，不可以向后寄养。

寄养弱仔尽可能选择后备母猪寄养，同时选择母猪寄养选择奶水中等偏上的母猪寄养，不要直接选择奶水较好的母猪，容易造成突然的营养吸收，造成拉稀。

5.断尾、去势

断尾前，电烙断尾器预热30分钟，充分预热后实施断尾。工作区域必须光线充足，确保能够安静地工作，所有工具都触手可及。仔细检查以确保烙铁足够烫。将全窝仔猪固定，如图5−33所示，以确保能够快速、方便地抓起仔猪。断尾时间：3日龄与去势一同进行，也可在1日龄与剪牙、补铁、灌药一起进行。断尾时，只留2.5厘米尾巴（母猪盖住阴户、公猪到肛门下方为合适的长度），如图5−34所示，要求使用电热剪尾钳或者气热断尾钳。断尾创伤口以5%碘酊消毒，然后继续下一头。断面如图5−35所示。断尾后5分钟检查流血是否停止，如果继续流血，使用止血带15分钟或使用电烙剪横切面止血。断尾后3天，超过95%的仔猪伤口变干，没有肿大，并且边缘不发红，说明操作合格。

图5−33　将全窝仔猪固定

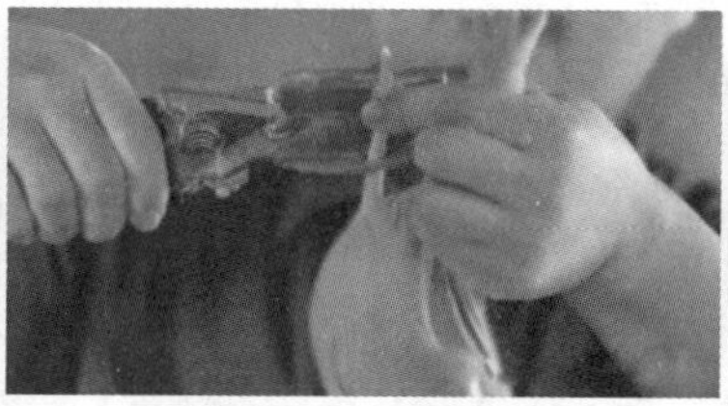

图5−34　留2.5厘米尾巴

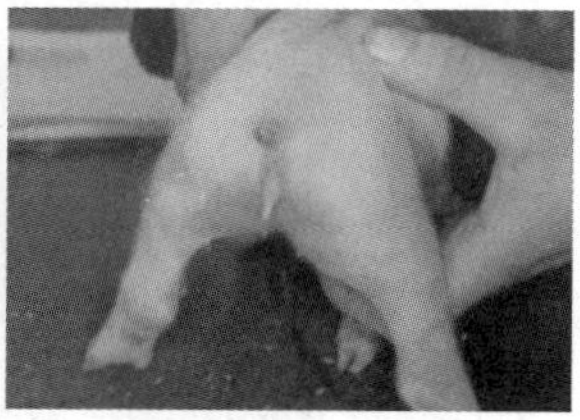

图5−35　断面整齐

断尾注意事项：出生后6小时才允许断尾，以保证仔猪吃到足够的初乳。使用电烙剪时，充分加热，断尾时力度、速度适中。使用电烙剪时，不要烫到他人。电烙剪应锋利、无缺口。每两头仔猪之间，用消毒液进行消毒。

仔猪去势是指将仔猪以外来方式除去生殖系统或使其丧失功能。去势的方法有化学方式及外科手术进行。对于非留种的仔猪，一般都会进行去势，否则仔猪不安静，经常打斗，影响生长发育并且肉有异味，口感差。因此通过去势可以达到增重快、口感好的目的。

去势工具准备：手术刀、刀柄、消毒液、青霉素、纸巾等。

去势时间：3日龄，也可以5～10日龄。日龄小便于操作，易止血，愈合快。如仔猪弱小、腹泻等需要推迟去势。

去势前检查仔猪：健康状况、有无疝气和隐睾。

去势步骤：借助仔猪保定器或徒手保定完成操作，如图5-36、图5-37所示。一般需要两个人来完成，一个人来保定猪只，另一个人进行手术操作。对阴囊部位皮肤进行喷雾消毒或者涂抹消毒液，然后用纸巾擦拭干净。

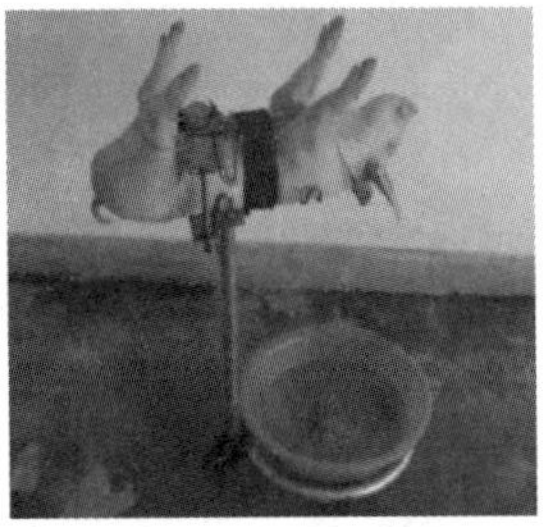

图5-36　保定器保定仔猪

图5-37　徒手保定

正确的刀口应在阴囊的下三分之一处，用左手中指和食指向前向下顶住睾丸，左手大拇指向前向上顶住阴囊基部，将睾丸挤向阴囊底壁，使局部紧绷。右手执刀，在上侧睾丸突出部，与阴囊纵轴平行用腕力将刀尖刺入，切透阴囊各层，刀口以正好将睾丸挤出为宜，同时左手拇指、食指、中指配合用力，将睾丸挤出，向外牵拉睾丸，用右手拇指和食指将睾丸鞘膜韧带与睾丸分离，然后用右手拇指、食指和中指挫撵精索，直到断开为止，取出睾丸，另一侧方法同上。去势后，在创口涂抹青霉素粉。去势过程如图5-38至图5-41所示。

图5-38　保定

图5-39　切开阴囊

图5-40　取出睾丸

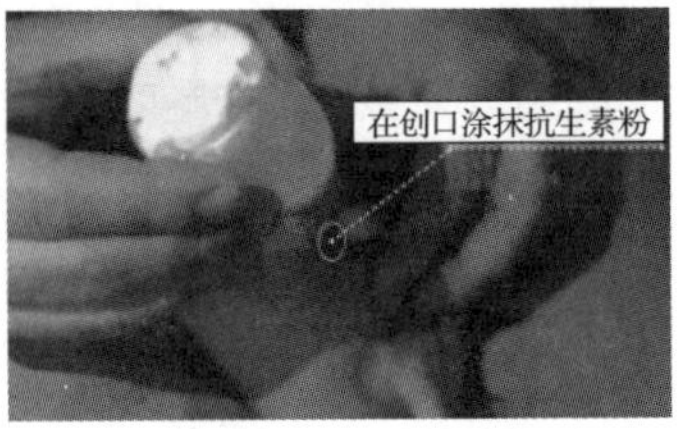

图5-41　创口消毒

去势后，对创口进行消毒，并仔细检查仔猪是否有流血过多的迹象。如果发现有流血多的现象，可以注射酚磺乙胺，然后将仔猪倒提起来，可促进止血。

注意事项：患病的仔猪暂时不去势，饱食后仔猪不去势，因为易损伤胃肠和影响猪的消化吸收及生长。阴囊部位用5%碘酊消毒，手和手术刀用75%酒精消毒。仔猪去势前1天，后2天应避免注射疫苗。去势造成的应激会影响疫苗产生的抗体水平。

仔猪去势是养猪过程中的一个重要环节。去势不仅可使猪性情变得温顺，提高猪的生长速度，还能改善肉的品质，进一步增加养殖效益。但在实际操作中，往往因为操作不当，对猪只造成严重影响，从而导致流血、感染发病甚至死亡，给养殖带来不利影响。

6.仔猪编号

（1）打耳号法。大排号法规则：上3下1；左十位右个位。左耳尖200，右耳尖100。左耳中间孔800，右耳中间孔400。如图5-42所示。

操作者抓住猪后，用前臂和胸腹部将仔猪后躯夹住，用左手的拇指和食指捏住将要打号的耳朵，用右手持耳号钳进行打号。注意要避开大的血管。注意防止母猪咬伤操作者。

窝排号法规则：左耳窝，右耳号，上大下小，公单母双。如图5-43所示。

打耳号法准确，便于识别，成本低，但容易剪到血管造成出血，对猪的刺激较大。

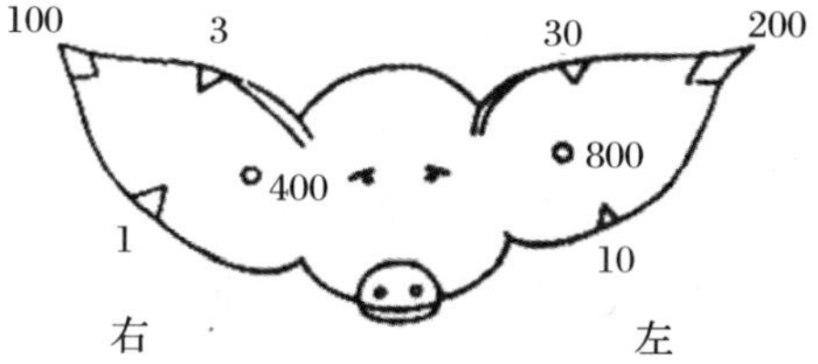

（大排号）

图5-42　大排号

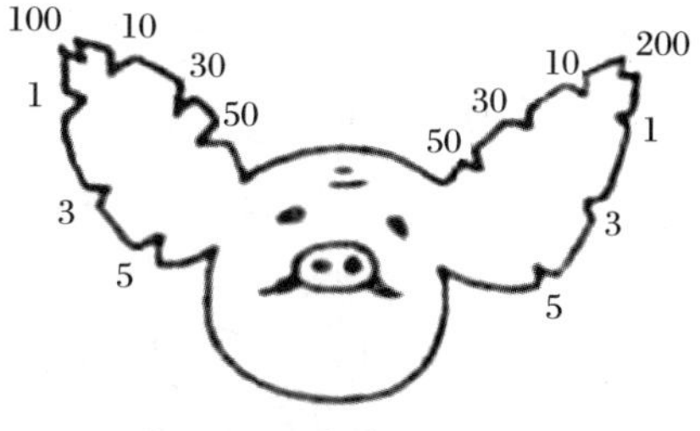

图5-43　窝排号

（2）上耳标法。操作者把耳标书写好后，将上部和下部分别装在耳标器的上部和下部。操作者用前臂的肘部和胸腹部将仔猪保定好，然后用耳标器将耳标铆上，同样注意要避开大的血管。如图5-44至图5-47所示。

（3）电子识别。电子识别是在传统的塑料耳标基础上嵌入一个电子标签，储存猪个体的身份信息，通过无线电信号识别电子标签得到信息。有条件的场家，可以将仔猪的个体号、出生地、出生日期、品种、系谱等信息转译到耳标内，需要时用阅读器进行识别阅读。这种耳标成本较高。

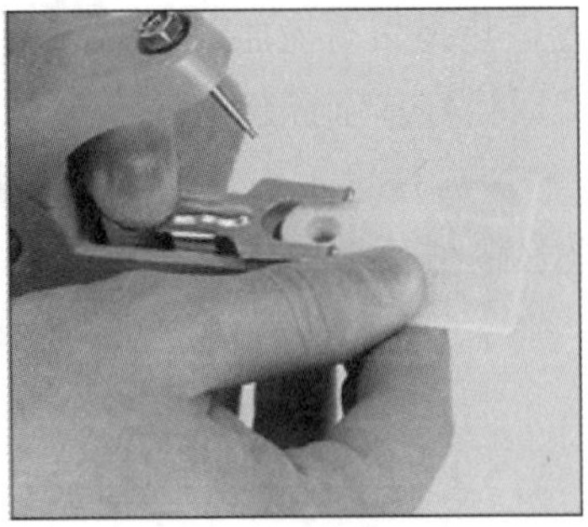

图5-44　轻压弹簧片

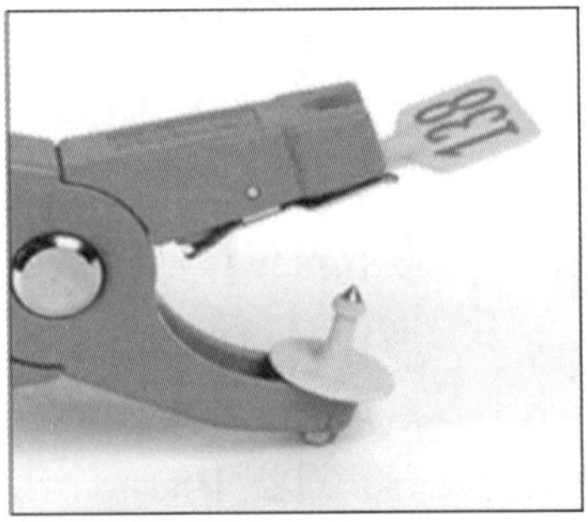

图5-45　放入公订及耳标

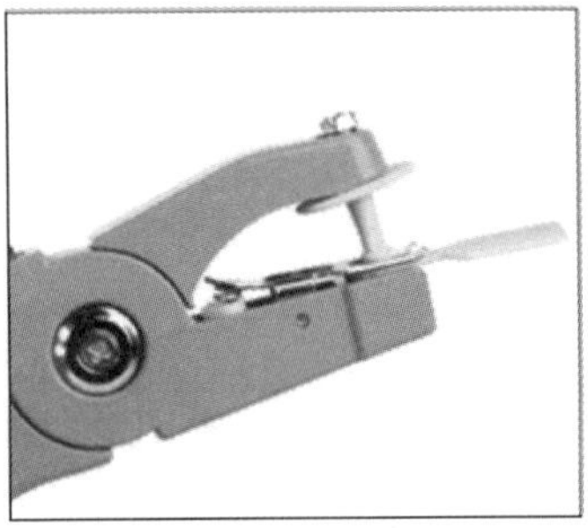

图5-46　消毒后打压在耳朵上

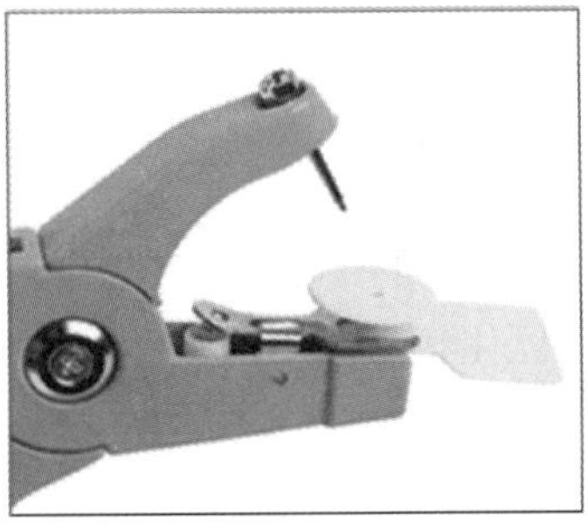

图5-47　松手打标完成

7.仔猪剪牙

为防止刚出生仔猪咬伤母猪乳房和互相撕咬争斗，仔猪出生后第1天将犬齿在齿龈处全部剪断，断面要平整且不要伤及牙龈，以防细菌感染。

准备药品及器械：剪牙钳、注射器、庆大霉素、阿莫西林等。

剪牙步骤：灌服庆大霉素2毫升/头，预防链球菌感染。剪掉出生时的8颗犬齿（上下左右各2颗），如图5-48所示。每次剪1颗，剪牙钳平行于牙床，尽量靠近牙齿根部剪断。用手摸剪过的部位，若还有扎手的要重新剪掉，直到平整不刺手为止。剪过的牙床处涂抹阿莫西林粉，防止感染，如图5-49所示。

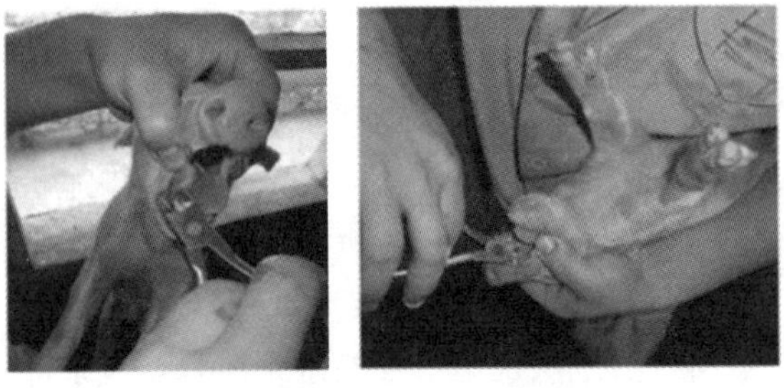

图5-48　剪掉犬齿（上下左右各2颗）

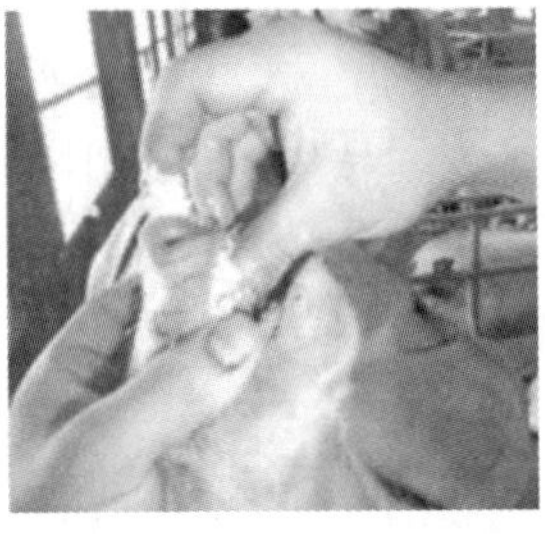

图5-49　剪过的牙床涂抹阿莫西林粉

注意事项：每剪一头仔猪都应对剪牙工具进行消毒，避免细菌交叉感染；如果仔猪出生后体质较弱，则暂不剪牙，以加强其竞争乳头的能力，过3～4天再进行剪牙。

（二）抓开食，过好补料关

仔猪出生后，生长速度很快，随着日龄的增加，其体重及所需营养物质与日俱增，而母猪的日泌乳量到产后21天以后则逐渐下降，同时奶中的营养物质也逐渐减少。此时应给仔猪补充优质饲料，以促进仔猪消化器官的发育和消化机能的完善，补充母乳不足所缺的那部分营养，增加仔猪体重，提高抗病力。

1.开食时间、手段（及早开食，大量补料）

开食：第一次训练仔猪吃料称为开食。一般为仔猪出生后5～7天。开食量30～50克。先将仔猪饲槽或喂饲器搬到仔猪补饲栏内并打扫干净。

开食方法：将仔猪赶到补饲栏内，饲养员蹲下，用手抚摸抓挠1～2头仔猪，待仔猪安稳后将仔猪料慢慢地塞到仔猪嘴里，每天训练4～6次，每次5分钟左右，集中训练1～2头仔猪。经过3天左右的训练，仔猪便学会采食饲料，其他仔猪仿效学会采食饲料。应注意仔猪开食前先补水，在仔猪出生后3天开始补给清洁的饮水。开食料要适口性好、清洁、新鲜、无发霉变质。仔猪喜甜食和乳香味。饲料要少喂勤添，注意仔猪粪便变化情况，及时调整喂量。

大量补料时间：仔猪15～20日龄，每天补料6次，每次20～50克/头，根据情况以不剩过多料为宜。所剩饲料不卫生时，应将剩料清除干净，喂给母猪需重新投料。每天要按时喂猪，有助于消化；喂猪时不宜过饱，喂8～9成饱即可；训练猪有规律地进食、休息和排粪便。

仔猪补料是一项比较困难而且十分细致的工作，也是仔猪后期快速健康生长发育的前提。特别是那些规模化猪场，实行全进全出，劳动力短缺，往往容易忽略这项工作，养猪场可以根据自身情况，加强仔猪补料措施，提高经济效益。

2.加强补饲

玉米—豆粕型饲粮＋有机酸＋抗生素＋酶制剂＋电解质缓冲剂＋益生素＋中草药。饲料中添加3%～5%脂肪保证其生长发育速度，防止环境温度太低，能量散失太多。营养需要量如表5–5所示。

表5–5　哺乳仔猪饲粮中主要营养物质含量

DE（消化能）	CP（粗蛋白质）	Ca（钙）	P（磷）
14.21兆焦/千克	23.7%～26%	0.8%～0.9%	0.65%～0.7%

有机酸：柠檬酸、乳酸、延胡索酸等。

抗生素：泰乐菌素、青霉素、杆菌肽锌、弗吉尼亚霉素、土霉素等。

酶类：淀粉酶、糊精酶等。

电解质缓冲剂：$NaHCO_3$、膨润土。

益生素：乳酸杆菌、双歧杆菌、芽孢杆菌、枯草杆菌等。

中草药添加剂：葱、姜、蒜、山楂、麦芽、当归、黄芪、党参、枳壳等。

（三）抓防病，过好断奶关

1.预防疫病

做好疫病免疫注射；预防仔猪黄白痢；搞好环境卫生，定期消毒；改善仔猪环境。

2.预防仔猪黄白痢方法

母猪产前1～2天适当减料；母猪产前进行大肠杆菌多价苗免疫；仔猪做好保温；仔猪吃初乳前应将头几滴乳挤出弃掉。

3.仔猪断奶

在养猪生产实践中，不同的断奶时间、断奶方法对仔猪的生长性能、健康状况及养殖生产成本均有显著影响。若仔猪断奶太晚，母猪的繁殖效率会下降，影响猪场养殖效益；若断奶日龄过早，饲料和环境改变带来的应激又会给仔猪带来巨大影响。

（1）断奶的条件：

①仔猪生长发育良好。3周龄体重≥5千克，4周龄体重≥6千克，5周龄体重≥7千克。不论何时断奶，仔猪体重必须达到5千克以上。

②断奶前采食料量大，一般仔猪每天采食量150克以上。

③断奶后培育条件良好。断奶后圈舍温度26 ℃，温暖干燥，采用保育栏饲养；断奶后饲料满足仔猪的生长发育需要，营养全面。

④适宜断奶时间。一般断奶时间28～35日龄。断奶日龄早于21日龄，仔猪抵抗力差，易感染疾病，断奶后的成活率低。

根据采食量、效果、发病情况等确定适时断奶，适宜断奶时间为3～5周龄。

（2）断奶的方法：一次断奶法、分批分期断奶法和逐渐断奶法。

①一次断奶法：到了断奶日期，一次性将母猪与仔猪分开，不再对仔猪进行哺乳。此方法适合工厂化猪场和规模化猪场，便于工艺流程实现全进全出，省工省事。个别体质体况差的仔猪应激反应较大，可能影响其生长发育和育成。

②分批分期断奶法：将一窝中体重大、体质好、采食饲料能力较强的仔猪提前1周断奶；体重小、体质弱、吃料有一定困难的仔猪推迟1周左右断奶。此

方法适合小规模猪场。

③逐渐断奶法：在预定断奶时间前1周左右，逐渐减少日哺乳次数，到了预定断奶时间将母仔分开，实行断奶。此法适用于规模小，饲养员劳动强度不大的场家，饲养人员可以有充足时间控制母猪哺乳。

根据仔猪的实际情况选择科学的断奶方法，并使仔猪断奶成功。断奶成功既提高了母猪的繁殖率，也提高了仔猪的生产性能，同时也提高了产房的利用率，最终提高了猪场的经济效益。

任务二　保育猪的饲养管理

保育猪又称断奶仔猪，指断奶到25千克或者70日龄的仔猪。

饲养断奶仔猪的目标：过好断奶关，降低断奶应激、控制腹泻、提高仔猪育成率和生长速度；仔猪健康活泼、毛色光亮，培育期内成活率98%以上；平均日增重450克，70日龄体重达23千克以上，料肉比2∶1以下。

一、断奶仔猪的生理特点

1.生长发育快、新陈代谢旺盛。

2.消化机能不完善。刚断奶仔猪，由于消化器官发育不完善，消化机能不强，如果饲养管理不当，极易引起腹泻等疾病。

3.抗应激能力差。断奶后，环境发生变化，仔猪对新环境不适应，如果舍温低、湿度大、消毒不彻底等，都会使断奶仔猪产生较强应激。

二、断奶仔猪的饲养管理

1.适宜时间断奶。养殖者可根据自己猪场的具体情况决定断奶时间。一般断奶日龄集中在3～5周龄较为适宜。

2.选择适当的保育料。断奶后继续饲喂教槽料，3～5天后逐渐过渡到保育料。少喂勤添。饮水中添加抗生素、维生素提高仔猪抗应激的能力。

保育料特点是营养浓度高、消化率高、适口性好（以膨化、蒸煮加工过的谷物、大豆制品，高比例的乳制品，高品质鱼粉等组成）、容易消化。

仔猪早期的生长速度直接决定着其整个育肥期的生长速度和出栏时间，因此选择饲料时一定要注意选择营养丰富、平衡、消化利用率高并能较好减少断奶应激的饲料，而不能一味选择低价饲料。仔猪换料宜在断奶1周后进行，以防断奶和换料同时进行对仔猪造成双重应激，换料要慢慢过渡。饲喂营养浓度高、消化率高的日粮。饲料适口性好、容易消化。少喂勤添。断奶后头2天饲喂粥样饲料，然后增加干料含量，仔猪度过断奶应激后再过渡到粉料或颗粒饲料。饮水中添加抗生素、维生素提高仔猪抗应激的能力。

3.控制好环境条件。保育猪环境控制：温度20～28 ℃，湿度65%～75%，密度0.35～0.4平方米/头；采用高架床网上培育；采用“全进—全出”的管理制度，如图5–50所示。

图5–50　保育猪舍

4.合理分群，密度适当，认真调教，形成良好的吃、喝、排泄的习惯。喂料四定“定时、定量、定点、定人”。每个栏舍10～12头仔猪，按照公母、体重大小分栏饲养，也可“原窝转群”。根据猪有定点采食、排粪尿、睡觉的习性，调教仔猪使仔猪在靠近料槽侧躺卧，可采取在躺卧区少撒一些饲料，并保持温度适宜、干燥。靠近饮水器、墙壁一侧排泄，排泄区粪便暂不清扫，将躺卧区粪便清理到排泄区并保持躺卧区清洁卫生，诱导仔猪到排泄区排泄。

5.做好卫生、消毒和防疫工作。圈舍在使用前后彻底清扫、消毒，空圈2天以上；每日清除舍内粪便，每周喷雾消毒2～3次。

6.做好驱虫、免疫接种和抗体监测工作。表5–6列出某猪场猪病免疫程序，可供参考。

表5–6　仔猪免疫程序

免疫时间	疫苗名称	免疫剂量	注射部位
产后3天	狂犬基因缺失苗活苗	1头份/头	颈部肌肉
7日龄	支原体（灭活苗）	1头份/头	颈部肌肉
14日龄	蓝耳弱毒苗	1头份/头	颈部肌肉
16日龄	猪瘟脾淋苗（活）	1头份/头	颈部肌肉
21日龄	支原体（灭活苗）	1头份/头	颈部肌肉
44日龄	猪瘟脾淋苗（活）	1头份/头	颈部肌肉
60日龄	伪狂犬基因缺失苗活苗	1头份/头	颈部肌肉
67日龄	口蹄疫合成肽疫苗	1头份/头	颈部肌肉

7.加强饲养员的责任心，提高饲养管理水平。平时要注意对猪四看：“一看精神，二看体况，三看吃食，四看粪便”，找出规律，及时发现异常。

8.及时隔离病猪，淘汰僵猪。

三、断奶应激

（一）原因

由于营养、心理、环境等引起断奶应激肠道损伤，消化和吸收能力降低，食物腹泻排出，影响保育猪的生长发育。

（二）防控措施

1.提早开食，大量补料，适时断奶。仔猪免疫系统和消化系统基本成熟，体质健康时进行断奶，可以减少应激，如4周龄断奶比3周龄断奶更能抗应激。

2.科学配合仔猪饲粮。降低开食饲料中蛋白质水平，添加氨基酸；使用抗生素或益生菌，增加粗饲料20%燕麦。

3.减少混群机会。

4.加强环境控制。

5.其他方面：仔猪断奶后1～2周内不要进行驱虫、免疫接种和去势。避免长途运输。最好使用断奶前饲粮饲养1周左右，然后逐渐过渡到断奶后饲粮。

四、僵猪产生原因及预防

僵猪又称“小老猪”，由于某种原因造成仔猪生长发育严重受阻的猪，表现出年龄增长，体重、体形不再增长，外观似幼龄猪，精神呆滞。

外形特点：两头尖，中间短，有的两头尖，中间细，黑猪毛发红，白猪毛发黄，俗称“红毛猪”“黄毛猪”。

症状：皮肤暗淡、苍白、无光泽；肋腹凹陷，特别是前腿后面；猪有可能下痢；表现对饲料不感兴趣，不喝水；无精打采、发抖、拱背站立，远离猪群，很少活动并且反应慢；有些病僵猪，随疾病的不同而临床症状表现各异，如喘气病有咳嗽和气喘症状；患仔猪副伤寒的猪长期腹泻且时好时坏；患寄生虫猪表现为贫血，并且有异食癖现象。

（一）僵猪产生原因

出生前由于（妊娠母猪）饲粮、疾病、初配年龄或体重偏小；出生后（仔猪）开食晚、饲粮、疾病、惊吓等因素造成。

（二）预防措施

1.做好选种选配工作。交配的公、母猪必须无亲缘关系。纯种生产要认真查看系谱，防止近亲繁殖。商品生产要充分利用杂种优势进行配种繁殖。

2.科学饲养好妊娠母猪。保证母猪具有良好的产仔和泌乳体况，防止过肥过瘦影响将来泌乳，保证胎儿生长发育正常，特别是妊娠后期应增加其营养供给，提高仔猪初生重。

3.加强泌乳母猪饲养管理。

4.对仔猪提早开食，适时补料。供给适口性好、容易消化，营养价值高的仔猪料，保证仔猪生长所需的各种营养。

5.科学免疫接种和用药。

（三）解僵办法

如果发现僵猪，首先调栏单独饲养、个别照顾，防止采食不到饲料；健胃、驱虫；调整日粮，增加蛋白质饲料，另外在日粮中添加维生素、矿物质、赖氨酸等营养物质或适量补充青绿饲料；饥饿疗法（采用饥饿疗法让僵猪停食24小时，仅供饮水，清理肠胃，促进肠道蠕动，恢复食欲）；保温，保持圈舍卫生，做好猪只三点定位，每天进行卫生清扫。

项目五　肉猪生产

一、生长育肥猪的管理

生长育肥猪是指保育结束（20～25千克）至出栏（90～120千克）阶段的猪。饲养管理的目标是在尽可能短的时间内，获得成本低、数量多、质量好和安全的猪肉。

（一）肉猪肥育前的准备

在肉猪生产前，首先要准备好圈舍，并彻底打扫、清洗和消毒（用3%热火碱喷洒），墙壁用石灰水加2%火碱液粉刷，并空置一段时间，为肉猪提供舒适、清洁、卫生的生活环境；其次要选择好饲料、搞好人员培训、合理组织猪群，仔猪调入后先隔离饲养，5～7天内不能过量采食，待完全适应环境后，转入正常饲喂，并做好免疫、驱虫和去势工作。国外引进品种及其杂交母猪因性成熟晚，多不去势；早熟易肥的地方品种母猪及其杂交母猪因性成熟早，一般应去势。公猪不去势育肥其雄激素会产生膻味，影响肉质，故未去势公仔猪育肥前要去势。

（二）合理组群

1.合理分群。根据来源、体重、体质、性情、采食情况合理分群，群体内个体体重差异不超过3～5千克。

2.及时调群。分群后，饲养一段时间生长期结束，体重达到60千克左右再进行调群。

3.加强调教。分群和调群后及时调教，肉猪调教内容有防止强夺弱食，可采用分槽位采食和均匀投放饲料，“三点定位”，即采食、睡卧、排泄三定位。

（三）驱虫、去势、免疫接种

驱虫、去势和免疫接种是肉猪饲养过程中的三项基本技术措施，但对肉猪来说，是强烈刺激，不能同时进行，在时间上应恰当地分开。

驱虫：2～3次/年，驱除体表和体内寄生虫。断奶后进行一次，体重50～60千克再进行一次。

去势：主要对商品场小公猪以及不做种用的小公猪进行去势，由于生长到一定年龄和体重后，由于激素影响，肉有一种难闻的膻气或异味而影响食品的口感，所以在肥育开始前都需要去势。去势的具体时间一般在7～10日龄，因为此时仔猪易操作、应激反应相对小，出血量少，不易感染疾病。

免疫接种：自繁自养猪场，70日龄前完成疫苗接种，70日龄后无须再接种疫苗。外购仔猪隔离观察2～4周，应激过后，根据流行病情况进行猪瘟等疫苗免疫。

（四）创造良好环境

生长育肥猪的适宜温度为15～20 ℃，相对湿度为60%～80%。冬季要通过增加密度、铺设厚垫草和供暖等措施防寒保温；夏季通过喷雾、水帘、通风、遮阳等措施防暑降温。要及时清理粪尿，适时通风、定期消毒，以保持猪舍干净干燥和空气清新。生长育肥猪应防止过度的运动，特别是激烈地争斗或追赶，转群或出栏装车时要轻哄慢赶。过度运动不仅消耗体内能量，更严重的是易导致应激综合征，如突然出现痉挛，四肢僵硬，严重时会造成死亡。

（五）观察和记录

每天坚持检查猪的精神、采食、饮水和粪便等状况，及时隔离处理弱、病残和死猪。做好猪只转入、出售、死亡、耗料、用药等记录。不用违禁药物，遵守停药期规定。及时调整饲养管理措施。实行全进全出制，阻断疾病在猪群之间的传播。自动饮水器要经常检查，防止水流不畅影响饮水。

（六）适宜的出栏体重

生长育肥猪适宜出栏体重要综合考虑猪的胴体品质、消费者需求和经济效益，结合不同猪种生长发育规律来确定。一般早熟易肥的地方猪种以70～80千克体重出栏为宜，洋本杂交猪和培育猪种以90～100千克体重出栏为宜；国外引进瘦肉型猪种以110～120千克体重出栏为宜。

二、肉猪肥育技术

（一）猪种选择

经济类型（瘦肉型）、专门化品系生产的杂优猪（父系选择长白、大白、杜洛克等，母系选择太湖猪等）或者选择三元杂交进行肉猪生产。

从外选购仔猪时注意“四看、两问”。

一看品种：选择优良的二元或三元杂交品种；

二看产地：严禁从疫区病猪场购入仔猪；

三看精神：仔猪要健壮、活泼，毛色光亮，鼻镜湿润，手摸耳根不发热；

四看防疫证：一定要有正式的检疫证明。

二问：一问饲养史（问生长日龄、窝次、补料情况、发病史）；二问防疫（问当地疫情及仔猪的免疫情况）。

（二）饲养技术

1.确定适宜的营养水平

肉猪饲粮中主要营养物质需要量如表5-7所示。

表5-7　肉猪饲粮中主要营养物质含量

DE（消化能）	CP（粗蛋白质）	Ca（钙）	有效P（磷）	Lys（赖氨酸）	体重	粗纤维
12.12～13.38兆焦/千克	13.2%～18%	0.45%～0.6%	0.15%～0.23%	0.52%～0.83%	20～35千克	≤5%～6%
					35～100千克	≤7%～8%

2.选择科学的肉猪肥育方式

猪的肥育方式对肉猪的生长速度、饲料转化率、胴体瘦肉率及养猪效益都有重要影响，目前常用的肥育方式主要有“直线肥育”和“阶段肥育”两种方式。现代养猪生产考虑营养合理利用、固定资产折旧和人工费用等因素，主张“直线肥育”。

（1）直线肥育法。“直线肥育”就是根据肉猪生长发育不同阶段营养需要的特点，生长肥育全期实行丰富饲养，使猪在最短时间出栏的肥育方式。“直线肥育”方式，满足了肉猪各阶段的营养需要，发挥了猪的生长潜力，能获得较高的生长速度，提高肉猪的出栏率和商品率，但猪的胴体瘦肉率略低。

（2）阶段肥育法。阶段肥育法指根据生产和市场的需要，将肉猪的肥育期分为若干阶段，然后在不同的肥育阶段采用不同的饲料营养水平、饲喂方法和管理方法进行肉猪生产。该方法符合肉猪的生长发育规律，使养猪生产达到了生产周期短、增重速度快、胴体瘦肉率高和经济效益好的目的。阶段肥育法分为两阶段肥育法和三阶段肥育法。

两阶段肥育法是根据肉猪的生长发育规律，并主要兼顾到肉猪的增重速度、饲料转化率和胴体品质，中小规模猪场或养殖户可以选择应用两阶段肥育法。该方法将肉猪的整个肥育期分为两个阶段，20～60千克为肥育期前期，60～100千克以上为肥育后期。肥育前期采用高能高蛋白饲粮，并实行自由采食或不限量饲喂；肥育后期，适当降低饲粮中的能量水平和粗蛋白质水平，并实行限饲或限量饲喂，以减少肉猪体脂的沉积。

三阶段肥育法是在较大规模的养猪场或集约化猪场，为了使肉猪的肥育过程更加科学、高效，通常在充分考虑肉猪不同阶段的生长发育特点的前提下，将肉猪的整个肥育期分为三个阶段，20～35千克为肥育前期，35～60千克为肥育中期，60～100千克以上为肥育后期。

常用的肉猪饲喂方法主要有两种：自由采食和限饲。

自由采食是对猪的日粮采食量、饲粮营养水平、饲喂时间和饮水等方面不加限制的饲喂方法。

限饲是对一定生长阶段的肉猪采食量、饲粮营养水平、饲喂时间和饮水等方面进行适当限制的饲喂方法。其中，限制肉猪的日粮采食量是最普遍而又最为简单易行的做法，故常将限饲称为限量饲喂。

三、生长育肥猪的饲养

（一）饲料

生长育肥猪在各个阶段的生长发育特点不同，营养需求也不同，为了充分发挥各阶段的遗传潜力，最好按体重20～35千克为生长期，35～60千克为育肥前期，60千克至出栏为育肥后期三个阶段或20～60千克为育肥前期，60千克至出栏为育肥后期两个阶段使用阶段育肥猪饲料。

（二）饲喂

生长育肥猪可实行全期自由采食、前高后低两种饲喂方式。

1.全期自由采食。即整个生长育肥期不限量次饲喂或自动饲槽自由采食，充分饲养。优点是育肥期短、饲料利用率高，但胴体较肥。适于国外引进瘦肉型品种及其杂交猪。

2.前高后低。即生长育肥前期（20～60千克）不限量次数饲喂或自动饲槽自由采食，育肥后期（60千克至出栏）限量顿喂（按自由采食量的80%～85%供给）或适当降低后期饲粮能量和蛋白质水平自由采食。优点是胴体较瘦，但育肥期稍长。适合地方品种及其杂交猪。

生长育肥猪日采食量通常按体重的4%计算，体重小于50千克时，按4%～4.5%

计算，体重大于50千克按3.5%～4%计算，以后每周在此基础上增加150克。但这个估算方法不是绝对的，要根据品种、气候、猪群的健康状况等灵活掌握。每次饲喂时育肥前期日喂3～4次，育肥后期日喂2～3次，且每次饲喂的时间间隔应均衡，一般早餐喂量占35%、午餐占25%、晚餐占40%。自由采食时，每周让猪将自动饲槽中的料吃空2次，以保持旺盛的食欲。

多采用干粉料、颗粒料干喂，每次饲喂时，可将干粉料加水调成湿拌料饲喂，加水程度以手握无水滴为宜。自动饮水器自由饮水。一般冬季饮水量约为采食量的2～3倍，春秋季饮水量为采食量的4倍，夏季饮水量为采食量的5倍。

模块六

6

CHAPTER

猪的疾病防治

项目一　猪场的卫生防疫

一、猪场卫生消毒

（一）猪场消毒制度

1.环境消毒。猪舍周围环境每2～3周用2%～3%火碱消毒或撒生石灰1次。场周围及场内污水池、排粪坑、下水道出口每月用漂白粉消毒1次。在大门口、猪舍入口设消毒池或消毒盆，注意定期更换消毒液。脚踏盆消毒用3%火碱，每栋（间）门口应有一个盆。

2.人员消毒。工作人员进入生产区净道和猪舍要经过洗澡、更衣、紫外线消毒。

3.猪舍消毒。每批猪调出后要彻底清扫干净，用高压枪冲洗，然后进行喷雾消毒或熏蒸消毒。空栏冲洗消毒先用3%火碱消毒，24小时后用菌毒灭（浓度为1∶200），最后使用生石灰涂地面以及墙壁（地面以上1.3米）。熏蒸消毒根据必要而定，一般情况下每月每栋1次。用甲醛与高锰酸钾，比例为每立方米7克高锰酸钾、13毫升甲醛（40%），注意每100立方米应至少有一个器皿，且先将甲醛倒入，然后将高锰酸钾用报纸包好一并放入，消毒时室内温度应在25 ℃以上，湿度应在70%～80%。

4.用具消毒。定期对保温箱、补料槽、饲料车、料箱、针管进行消毒，可用0.1%新洁尔灭、0.3%过氧乙酸、0.1%次氯酸钠。剪牙、断尾器械的消毒用浓度为75%的酒精。外科手术消毒用3%的碘酊。助产消毒用新洁尔灭，按说明书用量。配种母猪清洗用100 ppm高锰酸钾溶液（重点是清洗干净）。

5.带畜消毒。为常规消毒，每周一、三各1次，主要使用药品为过氧乙酸、TH4、CID、EOD、消毒威，每2周更换1次，使用量按说明量为准，如遇特殊情况可酌情处理。

6.装猪台消毒。主要使用过氧乙酸、火碱、菌毒灭、消毒威。要求冬季使用过氧乙酸，其他季节可根据用具的抗腐蚀情况使用其他几种消毒液，如水泥地面、墙壁、走道可使用菌毒灭、消毒威、火碱，但有铁器处（如地磅），注意火碱的腐蚀性，火碱的使用浓度为3%，其他可按说明书用量。

7.浴巾、工作服等用具、工具浸泡消毒。用消毒威，浓度为1∶1000，注意先将药品充分溶解后再放进物品。

8.饮水消毒。用漂白粉，每立方米水中添加300～1500克。

（二）消毒方法

1.喷雾消毒。用一定浓度的次氯酸盐、有机碘混合物、过氧乙酸、新洁尔灭等，使用喷雾装置进行喷雾消毒，主要用于猪舍清洗完毕后消毒、带猪消毒、猪场的道路和周围以及进入场区的车辆消毒。

2.浸液消毒。用一定浓度的新洁尔灭、有机碘混合物或煤酚水溶液进行洗手、洗工作服或胶鞋。

3.熏蒸消毒。每立方米用福尔马林（40%甲醛溶液）42毫升、高锰酸钾21克，在21℃以上温度、70%以上相对湿度，封闭熏蒸24小时，应在进猪前进行。

4.紫外线消毒。在猪场入口、更衣室用紫外线照射消毒。

5.喷洒消毒。在猪舍周围、入口、产床和培育床下面喷洒配好的生石灰或火碱水溶液可以杀死大量病原微生物。

6.火焰消毒。用酒精、汽油、柴油、液化气喷灯在猪栏、猪床、猪只经常接触的地方，用火焰依次瞬间喷射，对产房、培育舍效果更好。

（三）猪场常用消毒药物及使用方法

1.酒精。常用70%的酒精，将脱脂棉制成酒精棉球，用于消毒手指、皮肤、注射针头等。本品具有溶解皮脂、清洁皮肤、刺激性小和杀菌快等特点。

2.甲紫（龙胆紫）。常用1%～2%的溶液，用于脓液排出之后的脓肿消毒、感染和溃疡的消毒等。本品毒性小，有收敛作用。

3.碘酊。常用5%的碘酊，用于注射部位和外科手术部位的消毒。本品对组织的毒性小，穿透力强，是最常用的皮肤消毒药。

4.火碱（氢氧化钠）。常用2%～4%的溶液，用于圈舍消毒、传染病污染的环境消毒和消毒池的消毒等。对细菌、病毒都有强大的杀伤能力。常用于脚浴、道路喷洒。具有腐蚀性，操作人员佩戴橡胶手套，脚浴前雨靴确保密封，确保人员安全。

5.草木灰水。本品是一种碱性溶液，杀菌力较强，在农村被广泛使用。做法是取2千克草木灰，加水20千克，混合，加热煮沸1～2小时，澄清后，取上部清液，用于猪舍、用具、污染场的消毒。用热草木灰水效果更好。

6.生石灰。将生石灰粉撒在潮湿地面、粪池周围，亦可放在猪场门口的消毒池内，对出入人员鞋底进行消毒。也可以配成10%～20%的石灰乳，用于粉刷猪舍墙壁、栏杆和地面。石灰乳应临用前配制，不宜久储，否则会失效。

7.福尔马林（甲醛）。40%甲醛溶液，具有极强的还原性，可以使蛋白质变性，杀死细菌、芽孢和病毒。本品常做密闭式内熏蒸消毒，消毒时间为8～10小时，室温不应低于15～20 ℃。方法是在密闭室内，每立方米空间福尔马林30毫升、高锰酸钾15克，两者相互反应产生高温。使用时，应避免直接接触人畜皮肤和黏膜。

8.高锰酸钾。高锰酸钾是一种强氧化剂，常用0.1%的溶液洗涤脓疮、猪乳房消毒等。

9.来苏儿。常用1%～2%的溶液，消毒手臂、创面和器具等。3%～5%的溶液用于猪舍、用具、食槽、场地和污染物等的消毒。

10.过氧乙酸。一种强氧化剂，常用0.1%的溶液喷洒猪舍、地面、食槽等。可以带猪消毒，喷到猪身上不会引起中毒或腐蚀。

11.威力碘。含碘0.5%，是一种消毒防腐药，用于畜禽体表、猪舍和环境消毒。可用1∶50～1∶100浓度的威力碘，治疗外伤、癣和溃疡；用1∶20浓度的威力碘，消毒手术器材。

12.百毒杀。对细菌、病毒有较强杀灭能力。1∶400～1∶600倍稀释液，用于喷雾消毒；1∶200倍稀释液，用于疫病感染时的消毒。

13.卫可。过硫酸氢钾、氯化钠。用于畜禽舍、空气和饮用水等消毒。畜舍环境、饮水设备及空气消毒时以1∶200浓度稀释；终末消毒、设备消毒、孵化场消毒、脚踏盆消毒时以1∶200浓度稀释；饮用水消毒以1∶1000浓度稀释；1∶2000用于食材浸泡消毒。

二、猪场的免疫程序

表6-1、表6-2、表6-3给出某猪场免疫程序，可供参考。

（一）种公猪免疫程序

表6-1　种公猪免疫程序

免疫接种的疫苗	接种安排	接种剂量（毫升/次）	注射方法
猪瘟活疫苗	每年1次	1	肌肉或皮下
猪丹毒、猪肺疫二联活疫苗	每年2次	1	肌肉或皮下
猪口蹄疫（高效浓缩苗）	每年2次	2	耳根后、肌肉
猪流行性乙型脑炎灭活苗	每年1次	2*1	皮下
猪繁殖与呼吸障碍综合征—猪细小病毒—猪伪狂犬三联灭活苗	每年2次	2	肌肉

注：*1在流行季节前1～2月。

（二）种母猪免疫程序

表6-2　种母猪免疫程序

免疫接种的疫苗	接种安排	接种剂量（毫升/次）	注射方法
猪瘟活疫苗	每年1次	1	肌肉或皮下
猪丹毒、猪肺疫二联活疫苗	每年2次	1	肌肉或皮下
猪口蹄疫（高效浓缩苗）	每年2次	2	耳根后、肌肉
猪流行性乙型脑炎灭活苗	每年1次	2	皮下
猪繁殖与呼吸障碍综合征—猪细小病毒—猪伪狂犬三联灭活苗	每年2次*1	2	肌肉
猪流行性腹泻和猪传染性胃肠炎二联灭活苗	每年2次*2	4	后海穴*4
猪大肠杆菌三价基因工程活苗	2种情况*3	5	肌肉

注：*1第1次免疫应在配种前完成，第2次免疫最好在产前1个月完成。

*2须在产前40天注射。

*3未免疫的初产母猪产前30～40天和5～20天各免疫1次；免疫过本疫苗的经产母猪产前15～20天免疫。

*4后海穴位于尾根处与肛门之间的凹陷处。

（三）商品猪免疫程序

表6-3　商品猪免疫程序

免疫接种的疫苗	接种安排	接种剂量（毫升/次）	注射方法
猪瘟活疫苗	12日龄	1	肌肉或皮下
猪繁殖与呼吸障碍综合征—猪细小病毒—猪伪狂犬三联灭活苗	18日龄	0.5～1	肌肉
猪丹毒、猪肺疫二联活疫苗	25日龄	1	肌肉或皮下
仔猪副伤寒活疫苗	32日龄	1	耳后浅层肌肉
猪流行性腹泻和猪传染性胃肠炎二联灭活苗	37日龄	1	肌肉或皮下
猪口蹄疫（高效浓缩苗）	44日龄	1	肌肉
猪瘟弱毒疫苗	52日龄	1	肌肉或皮下
仔猪副伤寒活疫苗	58日龄	1	耳后浅层肌肉
猪口蹄疫（高效浓缩苗）	68日龄	2	肌肉
猪丹毒、猪肺疫二联活疫苗	75日龄	1	肌肉或皮下
猪繁殖与呼吸障碍综合征—猪细小病毒—猪伪狂犬三联灭活苗	82日龄	2	肌肉
猪流行性乙型脑炎灭活苗	流行季前（1～2月）	2	皮下
猪水肿病灭活苗	断奶前2周	2	肌肉

三、猪场寄生虫控制程序

1.首次驱虫时，应对全场猪只进行彻底驱虫。

2.对怀孕母猪于产前1～4周内驱虫 1 次。

3.对公猪每年至少用药2次，对外寄生虫严重的猪场，每年用药4～6次。

4.所有育成猪转群时用药1次。

5.后备母猪在配种前用药1次。

6.新购进的猪用药2次，每次间隔10～14天。隔离30天后再与其他猪并群。

四、猪场的投药及注射方法

（一）猪的投药方法

1.口服给药

（1）混入法。对粉剂药物，进行大范围猪群预防或治疗时，常采用此方法。先将药物称量好，按一定比例混入饲料或饮水中，让猪自由采食。要注意混合均匀。

（2）灌服投药法。对水剂药物，可采用此法。握住猪的两耳或两前蹄，提起前躯，用药匙或注射器（不接针头，接皮管），从嘴角处灌入或注入药液。每次灌入的药量不宜太多，不能太急，待猪咽下一口后，再倒另一口。

（3）胃管投药法。用绳套住猪的上颚，用力拉紧，猪自然向后退，这时用开口器把猪嘴撑开，将胃管从开口器中插入。胃管前端至咽部时，轻轻刺激，引起吞咽动作，便插入食道，从漏斗进行灌药。

2.局部给药

（1）鼻腔给药。将药液直接喷入或滴入鼻腔的一种给药方法，主要用于治疗鼻腔或鼻窦疾病，有些猪伪狂犬疫苗也可采用滴鼻法免疫。猪站立或横卧保定，要求其鼻孔向上，嘴巴紧闭，把药物溶解于30～50毫升水中，再将药水吸入胶皮球中，然后将药液慢慢滴入病猪鼻孔内，也可使用喷雾器对准鼻腔喷雾或使用鼻腔冲洗器冲洗。此法简单易行，大小猪都可采用，但量大或不溶于水的药物不宜采用。

（2）皮肤给药。将药物涂擦、喷洒于皮肤表面，通过皮肤吸收药物以达到局部药效作用的一种给药方法。主要用于治疗皮肤病和创伤等。目前也将某些防治腹泻的药物制成透皮剂使用，如强效杀痢王透皮剂、2%的痢菌净透皮剂等。脂溶性大的杀虫剂可被皮肤吸收，应注意防止中毒。

（3）直肠给药。向猪直肠内注入大量的无刺激性的药液、营养液、生理盐水、1%的肥皂水或温水，直接作用于肠黏膜，使药液、营养液被吸收或排出宿粪，以及除去肠内分解产物与炎性渗出物，达到治疗疾病的一种给药方法。灌肠时，大猪横卧保定，小猪倒立保定。使用小动物灌肠器，插入一端涂以肥皂液或植物油，慢慢插入肛门30～50厘米，另一端连接漏斗，再把药液倒入漏斗并高高举起，以增大灌肠的压力，将药液灌入直肠或用100毫升的注射器注入药液。药液灌完后，稍作停留，然后取出胶管。操作时动作要轻，插管时应缓慢进行，遇抵抗要暂停，以免损伤肠壁或造成肠穿孔。溶液注入后由于排泄反射，易被排出。为防止药液或营养液被排出，必须使病猪保持安静，用手压迫尾根、肛门，或在注入溶液的同时，用手指刺激肛门周围，也可按摩腹部。灌注营养物时，首先灌注温水，把病猪直肠内的粪便排出后，再灌注营养物。

（4）阴道及子宫给药。将药物直接投入阴道或子宫的一种给药方法，主要用于治疗母猪阴道炎、子宫内膜炎等疾病。操作时，母猪站立保定，充分洗净外阴部，把专用投药器、子宫冲洗器或一次性猪用输精管缓缓插入阴道或子宫内，将抗菌消炎的栓剂或药液投入，或先进行反复冲洗，排出阴道或子宫中的炎性分泌物，再投入抗菌消炎药物。冲洗溶液宜用微温生理盐水、0.1%～0.5%的高锰酸钾溶液等。插入导管时要细心，防止子宫壁穿孔。严格消毒，子宫积脓和积水者，应先将子宫内积液排出，再进行冲洗。不得使用强刺激性或腐蚀性的药液冲洗，注入子宫内的药液应充分排干净，必要时可通过直肠按摩子宫，促使排出。

（二）猪的注射方法

猪的注射方法

1.皮下注射。注射部位在耳根或股内侧。方法是用左手捏起局部皮肤，形成一皱褶，右手持注射器，由皱褶的基部刺入，在皮肤和肌肉之间的组织内进针2～3厘米。药量大时，要分点注射。

2.肌肉注射。部位在臀部或颈部。方式是针头垂直刺入肌肉2～4厘米，注入药液。刺入时用力要猛，注药的速度要快，用力的方向应与针头一致，以防折断针头。一般在刺入的同时将药物注入。

3.静脉注射。注射部位在耳静脉和前腔静脉。方法是在局部消毒后，左手捏住耳大静脉，使其怒张；右手持注射器，将针头呈30°～45°迅速刺入。刺入正确时，可见回血。而后放开左手，徐徐注入药液。注射完毕，左手拿酒精棉球压紧针孔，右手迅速拔出针头。为了防止血肿，应继续压紧针孔，最后涂上碘酊。静脉注射时，要避免多次扎针引起血肿或静脉炎；注射速度不宜太快，以每分钟20毫升为宜；油类制剂不能做血管内注射；在注射前，要排除注射器内的空气。

4.腹腔注射。将药物注射于腹腔内，腹膜吸收能力很强，当心脏衰弱、静脉注射困难时，可通过腹膜腔注射补液。部位在下腹部耻骨前缘中线旁边3～5厘米处。采用倒提法保定，局部剪毛消毒后，用右手持注射器，针头垂直皮肤刺入2～3厘米。回抽活塞如无气体或液体时，即可缓缓注入药物。当注入药量较大时，应将药液加温与体温同高。

5.胸腔注射。将药液注入胸腔内，猪喘气病疫苗采取这种注射方法。部位在右侧倒数第六肋间上1/3处。成年猪用7厘米的针头，育成猪用4厘米长的注射针头。猪采取站立保定法，局部用5%碘酊消毒。

6.穴位注射。中医称为水针疗法，是指将药物注入一定的穴位内，药物沿经络循行路线直达相应的病理组织和器官的一种给药方法。通过针刺及药物刺激的双重作用，见效快、适应广、疗效显著、节省药物。猪常用的有后海穴注射，注射部位在猪尾根和肛门之间的凹陷处，主要用于治疗猪胃肠道及泌尿生殖系统疾病，接种猪传染性胃肠炎和流行性腹泻疫苗等。注射时将猪适当保定，提起尾巴，注射部位消毒，针头沿猪的脊柱方向平行刺入，根据猪的日龄和体重，刺入深度为0.5～4厘米，注完后用酒精棉球紧压针孔处拔出针头。此法使用药物的剂量约为肌肉注射的1/3。

（三）保定技术

猪的保定是进行免疫接种、样品采集、阉割和健康检查等必须使用的基本技术，也是猪病诊断和治疗必不可少的手段。常用的猪的保定方法有站立保定法、提举保定法、网架保定法、保定架保定法、倒立保定法和倒卧保定法等。

1.站立保定法。此方法有三种具体的操作方法。第一种方法是在猪圈中，可将猪群赶至猪栏的一角，使其相互拥挤而不便骚动，然后进行检查和处置。如欲抓住猪群中某一头猪进行检查时，可迅速抓提猪尾、猪耳或后肢，将其拖出猪群，然后做进一步的保定。此方法适于检查体温、臀部注射及一般的临床检查。第二种方法是用保定绳保定法，将保定绳的一端打个活结，一人抓住猪的两耳并向上提，在猪嚎叫时，把绳的活结立即套入猪的上颌部犬齿的后方并抽紧，然后把绳头扣在圈栏或木柱上，此时猪常后退，当猪退至被绳拉紧时，便站住不动。此方法适用于一般检查和肌内注射。操作完毕后，只需把活结的绳头一抽便可使猪解脱。第三种方法是鼻捻保定法，在1米左右长的木棍一端系一个绳套，套环直径20厘米左右，将套环套于猪的上颌部义齿的后方，迅速旋转木棍使绳套拉紧，猪立即安静，此时可进行各种操作。

2.提举保定法。抓住猪的两耳，迅速提起，使猪腹面朝前，前肢腾空，同时用膝部夹住胸或腰腹。此法用于经口插胃管或气管内注射。

3.网架保定法。用两根较坚固的木棍长1～1.5米，按60～75厘米的宽度，用绳在架内织成网状。将此网架平放于地上，将猪赶到网架上，随即抬起网架，并将两端的木杆放于木凳上，使猪的四肢落入网孔并离开地面即可固定。较小的猪可将其捉住并放于网架内固定。网架保定常用于一般检查及猪的耳静脉注射和针灸。

4.保定架保定法。将猪放于特定的活动保定架或较适宜的木槽内，使其呈仰卧姿势，然后固定四肢，或行背位保定。可用于一般检查、前腔静脉注射及腹部手术等。

5.倒立保定法。用两手握住猪的两后肢关节，头部朝下，术者用膝部夹住其背部即可。对于体格较大的猪或保定时间较长时，可用绳拴住两后肢关节，将猪倒吊在一根横梁上即可。此法用于腹腔注射及阴囊疝手术等。

6.倒卧保定法。保定人员一手抓住猪的一后肢并提起，另一手紧抓住该后肢同侧膝前皱褶，顺势将猪横卧于地，随后两手分别抓住前后肢，助手用绳缚紧四肢而固定。对于体格较大的猪，侧卧保定又因其性情不同采用双绳放倒法和徒手放倒法两种。

（1）双绳放倒法。主要适用于性情温顺的猪。用两条3米长的绳索，一条系于右前肢掌部，另一条系于右后肢跖部，绳两端越过腹下到左侧，分别向相反方向牵拉，猪即失去平衡而向右侧倒卧，随后，两助手按压住猪的头部和臀部，根据要求将猪前后肢捆绑固定。

（2）徒手保定法。适用于性情凶猛易伤人的猪。首先由一人在猪右方抓住猪的左后肢并提离地面，随即另一人上前抓住猪的两耳，并将其头部向右上方扭转和下压，与此同时，抓左后肢的人用右脚突然向左拨动猪右后肢，猪失去平衡而倒地。又一人立即在猪的颈部放一木棍，两端由后两人压住，左后肢向后拉直并进行捆缚而保定。或用一根绳嵌入猪的口角，在上颌上方打一活结并抽紧，绳的游离端向后绕至猪的跗关节上方，亦可达到保定的目的。

项目二　猪的常见疾病与防治

一、母猪的常见疾病与防治

（一）猪细小病毒病

1.流行特点

本病无明显季节性，初产母猪易感；从外地引进的猪较本地猪敏感，种公猪也可感染发病。在我国规模化猪场较多。

2.临床症状

母猪感染后早期出现不孕或反复发情，怀孕后产出木乃伊或死胎，存活胎儿表现畸形或衰弱。妊娠母猪流产，产出死胎、木乃伊胎、畸形胎或仔猪衰弱，产期延长。

3.预防

（1）坚持经常性消毒，可杀灭病原体。

（2）加强检疫工作，引进种猪，要隔离观察并检疫，确诊无病后，经免疫后方可正常饲养。

（3）实行程序化免疫，健康猪、假定健康猪在配种前一个月接种灭活疫苗。

4.防治

（1）肌肉注射黄芪多糖注射液，每日2次，连用3～5天。

（2）对延时分娩的病猪及时注射前列腺烯醇注射液引产，防止胎儿腐败，滞留子宫引起子宫内膜炎及不孕。

（3）对心功能差的使用强心药，机体脱水的要静脉补液。

（二）猪伪狂犬病

1.流行特点

寒冷季节多发。由猪伪狂犬病毒引起，各年龄猪均可感染发病。病猪是主要传染源，隐性感染猪和康复猪可以长期带毒。病毒在猪群中主要通过空气传播，经呼吸道和消化道感染，也可经胎盘感染胎儿。

2.临床症状

母猪主要发生流产、死胎或木乃伊胎。产出的弱仔大多2～3天内死亡，流产率达50%；初生及小仔猪，常突然发病，高烧到41 ℃，病猪精神委顿、厌食、呕吐或腹泻，随后可见兴奋不安，步态不稳，运动失调，全身肌肉痉挛，或倒地抽搐；不由自主地前冲、后退或转圈，随后出现四肢麻痹，倒地侧卧，头后仰，四肢乱动，最后死亡。病程1～2天，死亡率高；4月龄左右的猪，多表现为轻微发热，流鼻涕，咳嗽、呼吸困难，有腹泻，也有出现神经症状而死亡的；成年猪一般呈隐性感染。

3.预防

（1）母猪在配种前7天，肌肉注射猪伪狂犬病毒四基因缺失苗2头份；到距预产期还有20天左右时，再注苗2头份。

（2）乳猪出生未吃初乳之前，肌肉注射猪伪狂犬病弱毒疫苗0.5毫升，注射后1小时再吃奶。

（3）乳猪断脐、断尾必须严格消毒。

（4）积极灭鼠，尽量防止鼠类对本病的传播。

（5）保持栏舍的清洁卫生，定期用2%烧碱液喷洒消毒。

（6）一旦邻近地区发生本病，而本场的猪又未注射猪伪狂犬病疫苗，应立即组织人力对全场猪群进行本疫苗的预防注射，并封锁猪场，严防传入。

4.防治

目前尚无特效药。可用广谱抗生素预防并发和继发细菌性感染，亦可用一些对病毒有抑杀作用的中草药。

本病病程不长，4周左右即变缓和而停止发生新病例。大肥猪和老母猪的病程更短，约9天即可康复。有人将已完全康复的大肥猪进行采血，在无菌条件下分离血清（内含丰富抗本病的抗体），对尚在发病的仔猪进行治疗，每头肌肉注射或腹腔注射2毫升，获得良好疗效，据报道治愈率可达90%左右。

（三）猪日本乙型脑炎

1.流行特点

乙脑病毒必须依靠吸血雌蚊作为媒介进行传播，乙脑病毒可在蚊体内繁殖和越冬，并可经卵传代。乙脑病毒可通过胎盘垂直感染胎儿。各种年龄、品种、性别的猪均易感染此病，但6月龄以前的更易感，病愈后不再复发。本病具有明显的季节性，主要发生于7～8月。由猪日本乙型脑炎病毒引起的一种急性人畜共患传染病。

2.临床症状

猪常突然发病，体温升高达40～41 ℃，呈稽留热。病猪精神委顿，喜卧，饮欲增加，结膜潮红，食欲减少或废绝，粪便呈球形，表面常附有灰白色黏液，尿呈深黄色。少部分猪后肢轻度麻痹，有的后肢关节肿胀疼痛而呈跛行，有的病猪可能有视力障碍。怀孕母猪感染后，发生流产、早产或延时分娩，胎儿大小不等，且多是死胎或木乃伊胎。流产后母猪症状减轻，康复后不影响下次配种。有的怀孕母猪临近预产期都不见腹部和乳房膨大、不泌乳。同窝仔猪的大小和病变有显著差别，有的出生后几天内就发生痉挛而死亡，有的却生长发育良好。公猪感染后除表现一般症状外，常发生睾丸肿胀，且多呈一侧性，程度不一，局部发热，有痛感，约数日后开始消退，多数缩小变硬，丧失配种能力。

3.预防和防治

猪场应多留春产仔猪作种猪，避免初产母猪在蚊子猖獗季节怀孕产仔。驱蚊灭蝇，做好隔离和消毒工作，切断传播途径。免疫用猪乙型脑炎弱毒疫苗按瓶签注明的头份，每头份加入专用稀释液1毫升，待完全溶解后，每头猪肌肉注射1毫升。免疫保护期为12个月。对阳性猪场的后备母猪、种公猪，可在其配种前20～30天加强免疫1次。还可以在蚊蝇季节到来前45天左右防疫。

（四）猪繁殖呼吸综合征——“蓝耳病”

1.流行特点

本病是近年在国内开始流行的一种急性、高度传染性的病毒性传染病，可通过空气传播，也可垂直传播。怀孕中期的母猪和胎儿对本病最易感。病猪和带毒猪是主要传染源，母猪可由自然交配的公猪直接传染而发病。

2.临床症状

繁殖母猪感染本病后反复出现食欲不佳，高热，嗜睡，呼吸加速，偶可见呕吐和结膜炎。少数母猪耳朵、乳头、外阴、腹部、尾部和四肢末端发绀，以耳尖最为常见。有5%～35%的母猪发生流产、早产、死胎、木乃伊胎、乳汁减少、分娩困难。仔猪以2～28日龄感染后症状最为明显，死亡率高达80%，大多数仔猪出现呼吸困难，肌肉震颤，后肢麻痹，共济失调。早产的仔猪出生当时或几天内死亡；初生仔猪发热，喜扎堆，腹泻，多呼吸困难，呈腹式呼吸；断奶仔猪最容易发生本病，主要表现呼吸困难、咳嗽、厌食，耳部及腹下皮肤发红，严重的耳尖发绀，病猪消瘦、贫血，最后死亡；耐过的仔猪生长停滞，成为僵猪。肥猪在没有应激的情况下，无症状；如有应激情况，马上表现高热，拒食，并且很快出现死亡。死亡多以肺炎、胃炎、肠炎、共济失调为主症。公猪表现为咳嗽、喷嚏、食欲不佳、嗜睡、呼吸急促和运动障碍。有性欲，但精子质量下降，射精量少，少数公猪耳朵变色。

3.病理变化

剖检典型死亡的病猪，主要表现为血液稀薄呈水样，淋巴结出血；肺脏水肿、充血、出血、有坏死灶，主要表现为间质性肺炎；肾肿大，有小出血点；肝脏肿大呈黄褐色；肠黏膜出血，肠系膜淋巴结水肿；部分在喉头、心外膜、膀胱黏膜有点状出血。剖检流产胎儿及弱仔，可见头部皮下水肿，胸腔内积有大量清亮液体。

4.预防和防治

本病目前尚无特效药物治疗，主要采用综合防治措施及对症疗法。

（1）加强饲养管理。对发病猪立即进行隔离和淘汰。淘汰发病严重的病猪，发病轻微的猪进行隔离治疗。及时对猪舍环境进行清洗、消毒，保持猪舍及饲养用具的清洁卫生。对流产母猪的胎衣、死胎及死猪及时进行无害化处理。生产舍进行彻底消毒。体弱的病猪要补充足够的蛋白质并且饲喂高能饲料，腹泻的病猪用口服补液法补充适量的电解质。

（2）疫苗免疫接种。断奶仔猪和育成猪立即接种猪繁殖与呼吸综合征弱毒疫苗，每头2毫升；繁殖母猪接种灭活苗，每头4毫升。间隔3星期后进行加强免疫，以后每隔5个月接种1次。

（3）药物防治。由于繁殖与呼吸综合征没有特效的药物治疗，所以只能进行辅助治疗，可用链霉素给妊娠后期母猪拌料饲喂，以防止继发感染，同时加强饲料营养和日常的管理。

（五）繁殖障碍性猪瘟

1.流行特点

又称非典型性猪瘟或温和型猪瘟，是由温和型猪瘟病毒引起。特点是病势缓和，猪瘟症状不明显，但母猪出现流产、早产，产死胎、木乃伊胎和弱胎。

2.临床症状

主要发生于生产母猪，其本身呈隐性感染，并无明显的临床症状，感染猪瘟的母猪隐性带毒，病毒能通过胎盘屏障传给不同时期的胚胎，产出木乃伊胎、死胎和弱仔。有的仔猪出生后精神沉郁，震颤，间歇性腹泻；有的发生呕吐和运动失调，皮肤出现出血斑、皮下水肿等症状。病仔猪常在2～3天内死亡，致死率很高。发病率的高低与带毒母猪的多少有关。

3.预防和防治

在仔猪吃乳前超前免疫猪瘟疫苗；发病猪场剂量加大紧急免疫，一次注射4毫升，孕猪禁免。

（六）猪布鲁氏菌病

1.流行特点

由布氏杆菌引起的人畜共患传染病，主要侵害生殖器官。呈地方性流行，无季节性。

2.典型病症

5月龄以下小猪易感性较低，主要感染母猪和公猪。母猪流产，初产母猪为多，流产后易发生子宫炎，继而引起母猪不孕；公猪常见睾丸肿胀，有的萎缩、硬化，性欲下降，其次可表现为关节炎，多见后肢关节肿大。

3.预防和防治

坚持自繁自养，引入种猪时要严格隔离1～3个月，经检疫确认为阴性后，才可投入生产群使用。

加强消毒工作，保持猪舍卫生清洁，如果猪群发生流产，应立即隔离流产母猪，流产的胎儿、胎衣、羊水以及阴道分泌物做消毒处理后再废弃，已污染的环境要进行认真彻底消毒。

在常发病区，用“布鲁氏菌病猪型2号”弱毒冻干苗进行预防免疫。对发病猪可用抗生素注射，但一般不再留作种用。

（七）产科炎症

分娩母猪有时因胎衣不下、人工接产及产后护理不当等，常引起产科感染性疾病，出现子宫炎、产后热等，甚至导致败血症。

1.典型病症

（1）胎衣不下是指产仔结束后超过3小时，母猪不安、努责，阴道流出红色液体，或含部分胎衣。

（2）子宫炎常见有黏性液体排出，严重的病猪出现全身症状，轻的为发情母猪屡配不孕。

（3）产后热为子宫受到病原微生物的急性感染，产后3～4天高烧至40 ℃以上，并伴有阴门流出黏液等全身症状。

2.预防

（1）产仔棚舍、用具于临产前一星期用2%烧碱溶液或甲醛溶液进行彻底消毒。

（2）母猪在产前应逐渐减料，临产前一顿不要饲喂，这有利于顺利分娩。

（3）母猪产前产后用0.1%高锰酸钾溶液擦洗阴户及乳房。

（4）如遇产仔困难，用垂体后叶素20～40单位肌注催产。尽量不要用手伸入产道掏摸，万不得已掏摸时，术者手臂应用0.1%高锰酸钾溶液洗净，再涂上磺胺软膏，以防感染产道。

（5）母猪产后1～3天内应密切观察精神、食欲、泌乳、体温等变化情况。炎热季节产仔时，于产程结束后用磺胺药及垂体后叶素预防产后热，效果明显。

3.防治

产前48小时肌肉注射1毫升氯前列烯醇有助于产后恶露的排出，具有清洁子宫、防止子宫炎的作用。如发病母猪，一方面要排除异物，发现胎衣不下，要在当天及时注射催产素，对有子宫分泌物的，可用0.1%高锰酸钾或新洁尔灭等冲洗子宫；另一方面注射抗生素消炎。

（八）母猪乏情

母猪乏情是指空怀母猪持续不能出现发情，经产母猪断奶后和后备猪长时间没有发情表现。

防治措施：

1.加强泌乳母猪的饲养管理，减少断奶体重，注意维生素、微量元素和氨基酸等平衡供应。

2.注射催情激素和排卵激素。常用激素有孕马血清、人绒毛膜激素、促排三号、氯前列烯醇和PG-600等，组合使用效果更好。

二、哺乳仔猪的常见疾病与防治

（一）仔猪黄痢

由溶血性大肠杆菌引起，主要发生于5日龄以内。发病猪急性腹泻，排出黄色或黄白色水样粪便，发病急，死亡率高。四季均可发病，阴雨天发病率更高。

防治措施：

1.母猪产前40天和15天分别肌注大肠杆菌三价灭活苗2毫升。

2.母猪分娩前做好母猪体表及环境器具的卫生消毒工作。

3.发病仔猪口服或肌肉注射恩诺沙星、庆大霉素、痢菌净和葡萄糖盐水等，母猪同时给药效果更好。

（二）仔猪白痢

由大肠杆菌引起的急性拉稀，多发生于产后20天左右的仔猪。灰白色的粪便，并有腥臭味。环境脏、气候剧变是发病的主要诱因。病程一般3～4天。

防治措施：

1.做好圈舍及母猪乳头的卫生消毒，做好防潮保暖工作。

2.仔猪尽早补料，补充营养，锻炼消化机能。

3.药物预防与治疗，治疗原则是抑菌、收敛和助消化。

（1）母猪饲料中添加0.02%金霉素或0.01%痢菌净。

（2）让仔猪连服2～3天 0.1%高锰酸钾溶液，每头每天2～3毫升。

（3）肌注或后海穴（后海穴位于尾根下方、肛门上方凹陷处）处注射2毫升一针灵注射液，每天1次，连用2天。

（4）其他抗生素如痢菌净、磺胺嘧啶按说明书使用。不同抗生素在不同发病时最好交替使用。

（5）脱水严重的仔猪，可静脉注射生理盐水和维生素C，或口服复合B族维生素。

（三）仔猪缺铁性贫血

初生仔猪的一种常见病，主要是因为初生仔猪从母乳中获得的铁不能满足仔猪生长需求。

防治措施：

1.尽早补饲含铁丰富的乳猪料。

2.仔猪产后3天时，注射铁制剂1～2毫升。铁制剂有右旋糖酐铁、富来血、牲血素、血多素、葡萄糖铁钴等。

3.在圈舍内放些红泥土，让猪拱食。

（四）仔猪白肌病

由仔猪缺硒和维生素E引起。20～60天仔猪发病最多。发病初期，病猪表现精神不振，心跳加快，体温无异常变化，病程3～8天；发病后期，四肢麻痹，站立困难，心肌衰竭，很快死亡。剖检心肌发生变性、坏死，肌肉色淡、苍白。

防治措施：

1.使用母猪专用料，或在母猪日粮中补硒和维生素E。

2.仔猪3日龄肌注0.1%亚硒酸钠注射液2毫升，20天后再注1次。

3.配合用维生素E注射液肌肉注射效果更好。

（五）仔猪低血糖病

常发生于仔猪出生后1～4天，往往造成全窝或部分仔猪急性死亡。症状为仔猪精神不振，四肢软弱无力，眼球不能活动，瞳孔散大，口流白沫。体温在37 ℃左右。大部分仔猪一出现症状就停食，对外界事物无感觉，最后昏迷而死。一窝里有一头发病，其他仔猪相继发病，常在半天内全部死亡。

防治措施：

1.加强母猪后期营养。

2.尽快对低血糖仔猪补充糖。5%的葡萄糖生理盐水每头仔猪注射10毫升，每隔5～6小时腹腔注射1次，连用2～3天，或口服20%葡萄糖水或白糖水。

（六）猪瘟

1.病原体及流行特点

由猪瘟病毒引起的急性、发热、高度接触性传染病，发病急、死亡率高、传播快；各种猪均可感染，良种猪和仔猪更易感染，呈地方性流行，无季节性。

2.主要症状

初期行动迟缓，四肢无力，体温升高（42 ℃），食欲不佳，眼结膜潮红，眼屎增多；后期下腹部、耳、大腿内侧出现广泛性皮下出血，指压不褪色。

3.防治措施

主要靠疫苗免疫，无特效药。发病猪可用高免血清，有一定的疗效。发病猪要隔离、封锁，已确诊病猪应就地扑杀、深埋或焚烧；受威胁猪紧急疫苗免疫。

（七）猪丹毒——“打火印”

1.病原体及流行特点

由猪丹毒杆菌引起的一种急性、烈性传染病。各种猪均可感染，一年四季均可发生，多雨炎热季节易发。

2.主要症状

发病急，个别猪前一天没有任何症状，第二天早晨死亡在圈内；病猪体温高达42～43 ℃，绝食、寒战、独卧；耳、颈、背、腹部皮肤潮红，病程3～4天，出现红色各种形状的疹块，即“打火印”。出现此症状后，病情减轻，体温下降，一般可以自愈。

3.防治措施

本病属细菌性疾病，可按以下方法治疗：

（1）青霉素。每公斤体重1万单位，肌肉注射，每天2次，连用3天。

（2）链霉素。每公斤体重10～20毫克，肌肉注射，每天2次，连用3天。

（3）0.5%诺氟沙星注射液。每公斤体重0.5毫升，肌肉注射，每天2次，连用3天。

（4）消毒王注射液。每公斤体重0.2毫升，肌肉注射，每天2次，连用3天。

（八）猪肺疫——“锁喉风”

1.病原体及流行特点

由多杀性巴氏杆菌引起。四季均可发生，通常是散发，极个别引起流行。长途运输、气候剧变、拥挤、潮湿、寒冷、闷热、饲料突变和寄生虫等均可诱发此病。

2.主要症状

患猪体温高达41～42 ℃，食欲不佳，呼吸困难，口鼻流泡沫液，气喘，窒息而死。

3.防治措施

（1）青霉素。每公斤体重1万单位，肌肉注射，每天2次，连用3天。

（2）链霉素。每公斤体重10～20毫克，肌肉注射，每天2次，连用3天。

（3）20%的磺胺嘧啶钠注射液。育成猪10～15毫克，成年猪20～40毫克，肌肉注射，每天2次，连用3天。

（4）抗菌王注射液。10～12毫升，肌肉注射，每天1次，连用3天。

（九）萎缩性鼻炎

1.病原体及流行特点

由支气管败血波氏杆菌引起的一种慢性、接触性传染病。主要通过呼出的飞沫由呼吸道传播。各种年龄猪均可发生，1.5～2月的猪症状明显。

2.主要症状

病初打喷嚏，之后鼻孔流黏液，部分猪流鼻血。患猪不安，摇头，拱地，鼻甲骨发生萎缩。若一侧鼻甲骨发生萎缩，则鼻腔向严重侧歪斜；若两侧鼻甲骨发生萎缩严重，则鼻腔萎缩上翘。

3.防治措施

（1）每吨饲料中加入土霉素100克、磺胺苯吡唑100克，普鲁卡因青霉素8000单位、维生素A200万单位，连吃1星期。

（2）土霉素盐酸盐。按每公斤体重50毫克，肌肉注射，每天1次，连用3～5天。

（3）0.5%诺氟沙星注射液。按每公斤体重0.5毫升，肌肉注射，每天2次，连用3天。

（十）猪喘气病

1.病原体及流行特点

由猪肺炎支原体引起的一种接触性传染病。传染途径是呼吸道，猪场一旦传染，很难根除。

2.主要症状

慢性病猪以咳嗽和气喘为主，早晨、夜晚和站起活动之后咳嗽最多。随着病情的发展，呼吸出现困难，明显为腹式呼吸。患猪采食量少，生长缓慢，给养猪业带来严重的经济损失。

3.防治措施

（1）泰乐菌素。每天每公斤体重肌注5毫克，连用3～5天，若内服，每升水中加本药0.2克，连用3～5天，效果较好。

（2）土霉素加花生油。即土霉素细粉20克，加入100毫升花生油，混匀，按猪每公斤体重0.1毫升油剂，肌肉注射，每2天1次，连用3次。

（3）卡那霉素。每公斤体重4万单位肌注，每天1次，连用3～5天。

（4）北里霉素。每千克饲料中添加330毫克，连喂7天。

（十一）传染性胃肠炎

1.病原体流行特点

由猪传染性胃肠炎病毒引起的肠道传染病。10天以内的哺乳仔猪发病率高，死亡率也高；断奶仔猪、育肥猪和成年猪感染后症状较轻，能自然康复。12月至4月是发病高峰，高度接触性传染。

2.主要症状

10天以内仔猪高发，突然发病、呕吐、腹泻，稀便为黄绿色，有的呈白色，患猪精神不振，极度渴感，被毛粗乱，1～2天便可死亡，死亡率高达95%以上。

3.防治措施

主要靠疫苗免疫。做好猪场卫生消毒工作。

三、断奶仔猪的常见疾病与防治

（一）仔猪断奶腹泻

仔猪断奶腹泻是一种常见病，发病率一般在40%以上，死亡率高达7%以上。多发生于断奶后3～10天。

1.症状

患猪精神不振，食欲减退，拉黄绿色水样稀粪，体温正常，继发感染后体温达40 ℃以上，最后因脱水、虚脱而死。

2.发病原因

由于断奶应激导致了仔猪消化道结构和功能发生重大变化，断奶仔猪开始拒绝采食，饿急了又采食过量，本来就不健全的消化系统，无法适应大量摄入的饲料，导致腹泻；大肠杆菌感染是仔猪的继发性原因，饲养管理不善容易诱发此病，如低温、潮湿、饲料发霉变质、饮污水等。

3.防治措施

（1）加强断奶前仔猪的补料，断奶后腹泻的仔猪，多数在哺乳期内补料不足，因此应尽早对仔猪开始补料，让仔猪在断奶时能够大量吃料。

（2）适当降低饲料中的蛋白质含量，仔猪腹泻时可适当在饲料中掺入部分玉米粉或麸皮等。

（3）对于腹泻仔猪，选择用下列药物中的某一种：痢菌净、诺氟沙星、林可霉素、恩诺沙星、庆大霉素等，按兽医指导或说明书使用。

（4）对于下痢症状较重，身体虚弱的仔猪，应注意补水、补盐、泻毒，方法是对这些猪进行隔离饲喂，在饮水中添加电解多维和适量白糖，同时在饲料中拌入部分锅底灰或草木灰。

（5）适当限饲，只按正常量的70%～80%给料。

（二）仔猪水肿病

病原体：溶血性大肠杆菌病。主要发生于刚断奶的仔猪，生长快、肥而壮的仔猪先发病。

1.发病症状

（1）精神沉郁，食欲减少或口流白沫，有类似感冒的症状，肌肉发软，有不同程度的瘫痪现象，四肢动作如游泳状，共济失调，步态不稳，盲目前进或作圆圈运动。

（2）水肿是本病的特殊症状，常见于脸部、眼睑、结膜、齿龈，有时波及颈部和腹部的皮下。

（3）剖检常见胃壁及大肠系膜的水肿。

2.防治措施

（1）加强饲养管理，严禁从疫区购进新猪，断奶时加强饲养管理，尽量减少应激。

（2）尽早补料，逐渐增加喂量，换料不要太突然。

（3）给新生仔猪注射水肿疫苗。

（4）0.1%亚硒酸钠注射液1～2毫升，肌肉注射，每2天1次，共2次。

（5）对有症状的猪灌服硫酸钠或硫酸镁15～30克。

（6）用磺胺嘧啶钠注射液15～20毫升，50%葡萄糖注射液50毫升，维生素C注射液10毫升，静脉注射，每天2次，连用2天。

（三）僵猪

1.症状

多发生在10～20千克体重的仔猪，表现为被毛粗乱，身体瘦小，大脑袋，尖屁股，圆肚子，精神尚好，也吃也喝，但采食量小，生长缓慢。

2.发病原因

原因很多，有母猪近亲交配；母猪及仔猪营养水平长期太差；长期患病或患有寄生虫病等。

3.防治措施

按系谱合理配种，防止近交、回交；对僵猪用硫酸钠或硫酸镁灌服，清理肠胃，恢复食欲，然后喂一段时期乳猪料；维生素B_{12}注射1毫升，肌肉注射，5天后再注射1次；患有寄生虫病的仔猪，进行驱虫。

（四）咬尾和咬耳综合征

1.发病原因

饲养密度过大、环境潮湿、饲料营养不良及寄生虫等均可引起。

2.防治措施

（1）改善饲养管理条件，防止密度过大；选择适当饲料。

（2）在猪栏内悬挂玩具，分散猪的注意力，满足猪爱嬉戏的天性。可以在猪舍内放置或悬挂玩具球、铁链或红砖等。

（3）对已发生咬尾或咬耳的猪，要及时调圈、隔离，以防其他猪只互相效仿。

四、肥育猪的常见疾病与防治

（一）猪蛔虫病

1.主要症状

多发生于2～6月龄的猪。感染猪逐渐消瘦、贫血、被毛粗乱，有时磨牙，生长发育缓慢，有的变成僵猪。蛔虫多时可结成团阻塞肠道，病猪出现腹痛，甚至可导致肠穿孔或肠破裂。如果蛔虫上行到胆管或胆囊，使胆管阻塞、胆囊肿胀，则引起阻塞性黄疸和神经障碍性痉挛。

2.防治措施

（1）保持饲料、饮水、用具等卫生，减少蛔虫卵感染。

（2）定期驱虫。可选用敌百虫、左旋咪唑或伊维菌素等。

（二）猪带绦虫——豆猪肉、米猪肉

由猪带绦虫的幼虫引起，其成虫寄生于人体内，幼虫则寄生于猪和人的肌肉组织中，呈白色透明的小囊泡状，包埋于肌纤维间，像散开的豆粒和米粒，故常称有囊虫的猪肉为豆猪肉或米猪肉。

1.主要症状

猪患此病一般无明显症状。只有特别严重的感染，才可见到症状，多表现为营养不良、生长受阻、贫血和水肿等。如侵害到其他组织可引起相应组织病变。

2.防治措施

目前尚无有效治疗办法。主要防止人感染和猪吃人的粪便。

（三）猪疥螨病——癞

在卫生条件较差的猪群易发，特别是冬、春季发病较多。

1.主要症状

猪疥螨病通常发生在头部、面部、眼下窝，其次是背部、躯干部两侧及四肢内侧。患部皮肤粗糙、瘙痒，猪经常在猪栏、墙角外摩擦。严重者出现皮肤裂纹、小结节，破溃结痂，影响猪的食欲和生长发育。

2.防治措施

（1）保持猪舍的干燥清洁，天气寒冷时应经常更换垫草。发病猪应及时隔离治疗。

（2）用1%～2%的敌百虫、废机油涂抹患部，或用害获灭按每公斤体重0.3毫克，1次皮下注射，效果良好。

（四）猪异食癖

由于盐类代谢紊乱，特别是钠盐代谢失调所致。

1.主要症状

病猪喜食各种异物，如小石块、小砖头、煤焦渣、木屑和土块等或四处舔食。

2.防治措施

合理使用饲料。对发病猪可按饲料总量的0.5%～1%加入食盐，拌匀后饲喂。

（五）猪中暑

1.主要症状

猪突然发病，呼吸急促，心跳加快，体温升高到42 ℃以上，眼结膜充血，口吐白沫，呕吐不食，站立不稳。一般数小时内死亡。

2.防治措施

注意炎热季节的供水、遮阳、通风。如果发现猪中暑，应立即转移到凉爽、通风的地方，并用冷水喷洒头部和剪耳尖、尾尖放血；严重缺水时，可用生理盐水灌肠；静脉或腹腔注入葡萄糖生理盐水200～500毫升；当中暑的猪过度兴奋不安时，可肌肉注射氯丙嗪2～4毫升或内服巴比妥0.1～0.5克。

（六）猪消化不良

1.主要症状

病猪一般体温不高，精神不好，不想吃食。有的猪喜欢饮水，有的猪表现肚胀、腹痛和呕吐，粪便内有未消化的饲料。病猪有时粪便干硬，有时拉稀。

2.防治措施

正确饲喂，不要突然换料。发现消化不良的猪，可用醋100毫升、食盐25克，混合后灌服或拌入饲料中饲喂。对于拉稀的猪，可用磺胺脒片5～10克内服，每天2次。

（七）猪食盐中毒

1.主要症状

猪食盐中毒后主要表现为极度口渴，流涎，呕吐，便秘或下痢；神经错乱，怕光，呼吸急促；全身发抖，阵发性痉挛。一般体温正常，但有的猪痉挛后体温上升，行走困难，心脏衰弱，最后四肢麻痹、瘫痪，卧地不起。

2.防治措施

（1）停喂含盐多的食物，如酱渣；保证足够饮水。

（2）先用0.5%～1%的单宁酸洗胃，再用0.5%～1%的硫酸铜内服催吐，或灌服大量红糖水。

（八）猪有机磷中毒

1.主要症状

猪吃了或触及有机磷类农药1～3小时后就会表现中毒症状。轻度中毒者表现为精神不好，肌肉震颤，不爱吃食，全身无力，站立不稳，眼结膜呈暗红色，瞳孔缩小；重度中毒者会出现呕吐，口吐白沫，精神不安，呼吸困难，呼吸道分泌物增多，全身肌肉抽搐，昏迷，大小便失禁，经1～3天死亡。

2.防治措施

（1）加强有机磷管理，不让猪接触；对于刚喷洒过有机磷农药的青绿饲料7天内不能喂猪。

（2）猪中毒时，应立即用1%硫酸铜灌服，用以催吐，同时用阿托品解毒，按每公斤体重1毫克肌肉或皮下注射；用1%～2%苏打水或1%食盐水洗胃。

（九）亚硝酸盐中毒

1.发病原因

农村养猪较为常见的饲料中毒。猪常吃的各种青绿饲料都含有硝酸盐，当这些青饲料用锅未煮熟透或煮时不揭开锅盖、不搅拌，焖煮在锅内时间过长，致使饲料中所含的硝酸盐迅速转变为有剧毒的亚硝酸盐，猪吃后就会引起中毒。另外，青绿饲料发霉腐烂也会使硝酸盐转变为亚硝酸盐。

2.主要症状

中毒时间一般发生在饱食后2小时，最快的发生在吃食后20～30分钟。中毒猪表现为狂躁不安，呕吐流涎，张嘴伸舌，呼吸困难，心跳加快，走路摇摆、乱撞，就地转圈；初期皮肤呈灰白色，逐渐变成青紫色，四肢痉挛或全身抽搐，最后窒息死亡。在猪群中，越健康、食欲越好的猪往往由于采食量大，死亡率相对较高。

3.防治措施

（1）青绿饲料生喂，并防止用堆积发热或霉变的青绿饲料喂猪。

（2）如果出现猪亚硝酸盐中毒，迅速静脉注射1%～2%美兰溶液，按每公斤体重1毫升，并同时灌服泻药和催吐药；静脉注射葡萄糖溶液100～500毫升，并迅速断尾和剪耳放血。

（十）猪霉玉米中毒

1.主要症状

慢性中毒表现为无精神，走路有时呈现僵硬步态，没有食欲，头低垂、拱背、腹部蜷缩，体温一般正常；急性中毒的猪精神委顿，停食，后肢无力，步态不稳，眼结膜苍白，体温正常。有的猪头朝一定方向站立。长的2～3天死亡。

2.防治措施

不能饲喂发霉玉米。猪出现中毒时，立即内服硫酸钠或硫酸镁50克致泻，并静脉注射40%乌洛托品20毫升。

模块七

7

CHAPTER

养殖常见问答

一、如何提高母猪泌乳量?

答：可采用以下方式：

1.饲喂母猪泌乳期专用饲料，满足母猪泌乳营养需要。

2.提供充足的清洁饮水。

3.乳房按摩。

4.药物催奶。

二、后备母猪何时初配较好?

答：后备母猪初配日龄的确定需根据品种、年龄和体重等几方面决定。根据研究和实践结果，瘦肉型猪，初配年龄不早于8月龄，体重不低于100千克为宜。母猪在配种前10～14天，应提高饲养水平，在原日粮基础上每头每日多喂0.5～1千克饲料，可增加排卵数1～2枚。

三、为什么有些经产母猪发情无异状，但屡配不孕?

答：发生这种情况主要有以下几个方面原因：

1.卡他性子宫内膜炎。

2.输卵管阻塞。由于卫生管理不良，致使微生物通过子宫到达输卵管，引起输卵管发炎闭塞，卵巢正常，母猪能正常发情，但配种后精子与卵子无法结合受精不孕。此类情况很难判断，无治疗价值，以淘汰为宜。

3.其他。种公猪的精液品质下降；配种时间掌握不准等。

四、造成母猪产仔数较少的原因是什么?

答：母猪产仔数较少的原因有：

1.公猪的精子活力不够，活精子少。

2.母猪过肥或过瘦，影响其排卵数。

3.配种时间不适当，造成受精率低。

4.在配种前饲养管理不当，细菌、病毒引起的死胎、流产、化胎。

五、母猪产后无乳是怎么回事?

答：母猪产后几天无乳称为无乳综合征，又称泌乳衰竭。临产症状：分娩及产后2～3天内，母猪食欲减退，体温上升或过低。乳房肿胀发热、发红，稍有痛觉，质地坚硬，母猪保持伏卧，不让仔猪哺乳。仔猪围绕母猪跑动或尖叫，探索乳房，瘦弱仔猪增多，压死仔猪增多。

母猪无乳综合征的原因尚未完全查清，但许多证据表明与下列因素有关：

1.大肠杆菌和其他致病革兰氏阴性菌造成乳房感染。

2.饲喂程序紊乱或改变。饲喂量不足、过量或突然改变，猪舍过热或过湿；饲喂大量低劣饲料、大量磨的过细的饲料导致便秘。特别是产前3天和产后3天内过量饲喂可明显增多无乳综合征。

3.继发于繁殖与呼吸综合征（蓝耳病）、传染性胃肠炎、伪狂犬病等疾病。

六、缺乳时按无乳综合征处理效果为什么不好?

答：缺乳除无乳综合征外还有以下情况，需根据不同情况相应处理。

1.乳头病变阻止乳汁排出。此种情况乳房肿胀，母猪不安但无热，这是由于母猪年幼时乳头损伤而造成。此外，乳头畸形可造成乳汁不能排出，只能淘汰。

2.母猪饲料中含麦角、霉菌毒素，此外妊娠期及产后缺乏能量和水，使用4%预混料又自行添加盐等导致母猪无乳或缺乳，这种缺乳母猪机警，精神好，应根据情况更换饲料，改善饲养条件，并在饲料中添加兽药。

3.母猪对仔猪尖锐的牙齿吸吮乳房所造成的疼痛非常敏感，这些母猪不让仔猪吸吮导致回奶。解决办法是用钳子把仔猪尖牙、锐牙剪断，母猪给予镇静剂加以安静。

4.产房应激导致母猪不安，乳房坚实且充满乳汁，但不肯哺乳，体温正常。解决办法是先让其安静，然后注射30～50单位催产素，放出仔猪吃奶。

5.由于一胎母猪全部死产或严重乳腺炎，导致乳房发育不好，二胎或三胎时无乳。采用常规处理无效时只能淘汰。

七、怎样防治球虫感染引起的腹泻呢?

答：可采用以下方法进行防治：

1.母猪进入产房前，应对产房进行彻底清洗、消毒。

2.母猪在进产房前，应检查粪便卵囊含量，若较高，应饲喂防球虫的药物，并全身擦洗、消毒。

3.保持产房清洁，及时清扫，防止仔猪接触母猪粪便。

4.仔猪出生3天后，避免交叉哺乳，各产房/栏的清扫、饲喂用具不要混用，以防感染扩散。

5.可选用灭蝇灵等来控制苍蝇，减少球虫病的传播。

6.仔猪一旦腹泻，应更换垫料或躺板，灌服球虫药。在饮水中添加电解多维和维康。

八、仔猪拉稀的原因及防治?

答：主要原因有：

1.病原感染。疾病是造成目前仔猪下痢问题的主要原因，如大肠杆菌、梭菌、沙门氏菌、轮状病毒、猪瘟病毒、流感病毒、传染性胃肠炎病毒，皆是常见的病原。适当的用药，加强消毒及管理，母猪实施预防注射，仔猪补充电解质及维生素，都是有效的防治方式。

2.贼风。分娩舍内（特别是刚出生的仔猪）绝不可有贼风，否则仔猪一旦受寒，下痢的情形便马上出现，因此一些挡风的设施对仔猪而言是必需的。

3.保温。仔猪对冷相当敏感，因此保温很重要，室内温度是否足够，保温灯的高低，地板是否使用电热板等，都会直接影响保温的效果。

4.温度变化。昼夜温差变化太大，也会造成仔猪下痢，舍内温差应不超过2 ℃，仔猪的保温区应不超过1 ℃。

5.湿度。分娩床面必须24小时保持温暖干燥，尤其是仔猪的保温区。

6.初乳采食量。仔猪出生后一定要及早吃足初乳，获得足够的抗体保护，同时初乳中含有较高的脂肪，可提供小猪能量所需。

7.饮水。饮水对于小猪来说相当重要，饮水温度太低或饮水不卫生，都会促使小猪下痢。

8.母猪缺乳或发生乳腺炎。母猪一旦缺乳或有乳腺炎发生，则仔猪因无法采食足量的母乳而饥饿寒冷，往往会增加病原菌感染小猪的机会造成下痢。

9.弱小仔猪。弱小仔猪体质虚弱，必须加强管理，一旦下痢生病，对同窝的其他健康仔猪而言，它就是一个病菌的传播者。

10.仔猪的照顾。仔猪出生后必须进行铁剂注射、修剪牙齿、剪脐带、阉割等动作，对仔猪而言，都会增加应激，因此需细心照顾。

11.卫生管理。下痢生病的仔猪很容易从操作人员的手、靴子或注射针头将病原传染给健康的仔猪，因此凡是使用过的器械设备，一定要经过适当的清洗和消毒，才能再做下一次的使用。操作时要先处理健康的仔猪再处理下痢的仔猪。

12.母猪的防疫。利用疫苗在母猪分娩前2～4周进行注射，使母猪产生抗体，通过初乳传给仔猪，提高仔猪的抵抗能力，可有效减少下痢的发生。

防治措施：

1.做好保温。分娩舍的温度应控制在25 ℃，对刚出生的仔猪保温箱的温度应达到34 ℃左右。7日龄内，定时巡栏，发现仔猪睡在外面的及时送回保温箱，形成吃奶后进入保温箱的习惯。

2.及早吃足初乳，出生后需要人工辅助固定乳头，每间隔1.5小时左右吃乳1次，弱小仔猪固定在前面的乳头，或者先把弱仔猪放好，保证每头仔猪都吃足初乳。

3.寄养。

4.补水补料。出生后3日龄补水，5日龄补料，少喂勤添，保证料槽清洁卫生。

5.仔猪出生后补铁，肌肉注射牲血素或者右旋糖酐铁1毫升，可增强仔猪的抵抗力，减少腹泻。

6.通风透气，保持栏舍的干燥。

7.合理饲喂母猪。避免乳汁过浓造成新生仔猪的拉稀，在预产期前3天和分娩后5天内母猪必须限料饲喂，并注意逐步过渡。

8.分泌健康的乳汁。在母猪产前1～3天，产后5～7天各拌料服用痢菌净，使母猪分泌健康乳汁，对预防仔猪拉稀效果较好。

9.增强乳汁分泌。给泌乳量不足的母猪每隔3～5天服用通乳散，促进泌乳。

九、仔猪出生后八字腿该如何治疗?

答：仔猪出现的八字腿正常来说以这两种形式为主：前腿外翻和后腿外翻。造成仔猪出现八字腿的因素比较多，有遗传因素、霉菌毒素、疾病因素和环境因素，下面介绍一下治疗仔猪八字腿。

仔猪八字腿治疗

人工辅助下部分仔猪能在几天内恢复正常，恢复程度取决于是否获得足够的营养及护理。

1.时间。仔猪出生后要及时检查腿部行走情况，若发现问题猪只立即处理，以便减少被母猪压死的机会，及时吃上初乳增加存活概率。

2.捆绑。一般采用单一捆绑法，其目的是防止肢体向外张，如此可使仔猪走动并哺乳和使撕裂的肌肉复原。捆胶带（弹性绳子）于开张腿上，足跗关节以下，把它们捆到一起，其中间留出75毫米的空隙以便活动。

3.营养。捆绑后要给猪只补饲初乳以恢复体力。常会放到刚分娩母猪栏内或用注射器给仔猪注射初乳，如严重的仔猪没有吮吸反射的，可用胃导管灌服初乳。至少1～2小时补饲1次。

4.检查。去绷带，单一捆绑法在2～3天后去掉绷带，检查仔猪恢复情况，以防止捆绑时间太长阻碍血液循环。

5.按摩。资料表明这对后肢开张是一种先进的治疗方法，后肢肌肉，骨盆和前肢如果发生开张，肌肉的往复运动会使其受损。

总之面对八字腿猪只，越早发现越容易治疗恢复。

附 录

附录一 《无公害食品——生猪饲养管理准则》（NY/T 5033—2001）

1 范围

本标准规定了无公害生猪生产过程中引种、环境、饲养、消毒、免疫、废弃物处理等涉及生猪饲养管理的各环节应遵循的准则。

本标准适用于生产无公害生猪猪场的饲养与管理。也可供其他养猪场参照执行。

2 规范性引用文件

下列文件中的条款通过本标准的引用而成为本标准的条款。凡是注日期的引用文件，其随后所有的修改单（不包括勘误的内容）或修订版均不适用于本标准，然而，鼓励根据本标准达成协议的各方研究是否可使用这些文件的最新版本。凡是不注日期的引用文件，其最新版本用于标准。

GB 8471 猪的饲养标准

GB 16548 畜禽病害肉尸及其产品无害化处理规程

GB 16549 畜禽产地检疫规范

GB 16567 种畜禽调运检疫技术规范

NY/T 388 畜禽场环境质量标准

NY 5027 无公害食品 畜禽饮用水水质

NY 5030 无公害食品 生猪饲养兽药使用准则

NY 5031 无公害食品 生猪饲养兽医防疫准则

NY 5032 无公害食品 生猪饲养饲料使用准则

3 术语和定义

下列术语和定义适用于本标准。

3.1 净道 non-pollution road

猪群周转、饲养员行走、场内运送饲料的专用道路。

3.2 污道 pollution road

粪便等废弃物、外销猪出场的道路。

3.3 猪场废弃物 pig farm waste

主要包括猪粪、尿、污水、病死猪、过期兽药、残余疫苗和疫苗瓶。

3.4 全进全出制 all-in all-out system

同一猪舍单元只饲养同一批次的猪,同批进、出的管理制度。

4 猪场环境与工艺

4.1 猪舍应建在地势高燥、排水良好、易于组织防疫的地方，场址用地应符合当地土地利用规划的要求。猪场周围3千米无大型化工厂、矿厂、皮革、肉品加工、屠宰场或其他畜牧场污染源。

4.2 猪场距离干线公路、铁路、城镇、居民区和公共场所1千米以上，猪场周围有围墙或防疫沟，并建立绿化隔离带。

4.3 猪场生产区布置在管理区的上风向或侧风向处，污水粪便处理设施和病死猪处理区应在生产区的下风向或侧风向处。

4.4 场区内净道和污道分开，互不交叉。

4.5 推荐实行小单元式饲养，实施“全进全出制”饲养工艺。

4.6 猪舍应能保温隔热，地面和墙壁应便于清洗，并能耐酸、碱等消毒药液清洗消毒。

4.7 猪舍内温度、湿度环境应满足不同生理阶段猪的需求。

4.8 猪舍内通风良好，空气中有毒有害气体含量应符合NY/T 388要求。

4.9 饲养区内不得饲养其他畜禽动物。

4.10 猪场应设有废弃物储存设施，防止渗漏、溢流、恶臭对周围环境造成污染。

5 引种

5.1 需要引进种猪时，应从具有种猪经营许可的种猪场引进，并按照GB 16567进行检疫。

5.2 只进行育肥的生产场，引进仔猪时，应首先从达到无公害标准的猪场引进。

5.3 引进的种猪，隔离观察15～30天，经兽医检查确定为健康合格后，方可供繁殖使用。不得从疫区引进种猪。

6 饲养条件

6.1 饲料和饲料添加剂

6.1.1 饲料原料和添加剂应符合NY 5032的要求。

6.1.2 在猪的不同生长时期和生理阶段，根据营养需求，配制不同的配合饲料。营养水平不低于GB 8471要求，不应给肥育猪使用高铜、高锌日粮，建议参考使用饲养品种的饲养手册标准。

6.1.3 禁止在饲料中额外添加β—兴奋剂、镇静剂、激素类、砷制剂。

6.1.4 使用含有抗生素的添加剂时，在商品猪出栏前，按有关准则执行休药期。

6.1.5 不使用变质、霉败、生虫或被污染的饲料。不应使用未经无害处理的泔水、其他畜禽副产品。

6.2 饮水

6.2.1 经常保持有充足的饮水，水质应符合NY 5027的要求。

6.2.2 经常清洗消毒饮水设备，避免细菌滋生。

6.3 免疫

6.3.1 猪群的免疫应符合NY 5031的要求。

6.3.2 免疫用具在免疫前后应彻底消毒。

6.3.3 剩余或废弃的疫苗以及使用过的疫苗瓶要做无害化处理，不得乱扔。

6.4 兽药使用

6.4.1 保持良好的饲养管理，尽量减少疾病的发生，减少药物的使用量。

6.4.2 仔猪、生长猪必须治疗时，药物的使用要符合NY 5030的要求。

6.4.3 育肥后期的商品猪，尽量不使用药物，必须治疗时，根据所用药物执行停药期，达不到停药期的不能作为无公害生猪上市。

6.4.4 发生疾病的种公猪、种母猪必须用药治疗时，在治疗期或达不到停药期的不能作为食用淘汰猪出售。

7 卫生消毒

7.1 消毒剂

消毒剂要选择对人和猪安全、没有残留毒性、对设备没有破坏、不会在猪体内产生有害积累的消毒剂。选用的消毒剂应符合NY 5030的规定。

7.2 消毒方法

7.2.1 喷雾消毒

用一定浓度的次氯酸盐、有机碘混合物、过氧乙酸、新洁尔灭等，用喷雾装置进行喷雾消毒，主要用于猪舍清洗完毕后的喷洒消毒、带猪消毒、猪场道路和周围、进入场区的车辆。

7.2.2 浸液消毒

用一定浓度的新洁尔灭、有机碘混合物或煤酚的水溶液，进行洗手、洗工作服或胶靴。

7.2.3 熏蒸消毒

每立方米用福尔马林(40%甲醛溶液)42毫升、高锰酸钾21克，21 ℃以上温度、70%以上相对湿度，封闭熏蒸24小时。甲醛熏蒸猪舍应在进猪前进行。

7.2.4 紫外线消毒

在猪场入口、更衣室，用紫外线灯照射，可以起到杀菌效果。

7.2.5 喷洒消毒

在猪舍周围、入口、产床和培育床下面撒生石灰或火碱可以杀死大量细菌或病毒。

7.2.6 火焰消毒

用酒精、汽油、柴油、液化气喷灯，在猪栏、猪床猪只经常接触的地方，用火焰依次瞬间喷射，对产房、培育舍使用效果更好。

7.3 消毒制度

7.3.1 环境消毒

猪舍周围环境每2～3周用2%火碱消毒或撒生石灰1次；场周围及场内污染

地、排粪坑、下水道出口，每月用漂白粉消毒1次。在大门口、猪舍入口设消毒池，注意定期更换消毒液。

7.3.2　人员消毒

工作人员进入生产区净道和猪舍要经过洗澡、更衣、紫外线消毒。

严格控制外来人员，必须进生产区时，要洗澡，更换场区工作服和工作鞋，并遵守场内防疫制度，按指定路线行走。

7.3.3　猪舍消毒

每批猪只调出后，要彻底清扫干净，用高压水枪冲洗，然后进行喷雾消毒或熏蒸消毒。

7.3.4　用具消毒

定期对保温箱、补料槽、饲料车、料箱、针管等进行消毒，可用0.1%新洁尔灭或0.2%～0.5%过氧乙酸消毒，然后在密闭的室内进行熏蒸。

7.3.5　带猪消毒

定期进行带猪消毒，有利于减少环境中的病原微生物。可用于带猪消毒的消毒药有0.1%新洁尔灭、0.3%过氧乙酸、0.1%次氯酸钠。

8　饲养管理

8.1　人员管理

8.1.1　饲养员应定期进行健康检查，传染病患者不得从事养猪工作。

8.1.2　场内兽医人员不准对外诊疗猪及其他动物的疾病，猪场配种人员不准对外开展猪的配种工作。

8.2　饲喂

8.2.1　饲料每次添加量要适当，少喂勤添，防止饲料污染腐败。根据饲养工艺进行转群时，按体重大小强弱分群，分别进行饲养，饲养密度要适宜，保证猪只有充足的躺卧空间。

8.2.2　每天打扫猪舍卫生，保持料槽、水槽用具干净，地面清洁。经常检查饮水设备，观察猪群健康状态。

8.3　灭鼠、驱虫

8.3.1　定期投放灭鼠药，及时收集死鼠和残余鼠药，并做无害化处理。

8.3.2　选择高效、安全的抗寄生虫药进行寄生虫控制，控制程序符合NY 5031的要求。

9 运输

9.1 商品猪上市前，应经兽医卫生检疫部门根据GB 16549检疫，并出具检疫证明，合格者方可上市屠宰。

9.2 运输车辆在运输前和使用后要用消毒液彻底消毒。

9.3 运输途中，不应在疫区、城镇和集市停留、饮水和饲喂。

10 病、死猪处理

10.1 需要淘汰、处死的可疑病猪，应采取不会把血液和浸出物散播的方法进行扑杀，传染病猪尸体应按GB 16548进行处理。

10.2 猪场不得出售病猪、死猪。

10.3 有治疗价值的病猪应隔离饲养，由兽医进行诊治。

11 废弃物处理

11.1 猪场废弃物处理实行减量化、无害化、资源化原则。

11.2 粪便经堆积发酵后应做农业用肥。

11.3 猪场污水应经发酵、沉淀后才能作为液体肥使用。

12 资料记录

12.1 认真做好日常生产记录，记录的内容包括引种、配种、产仔、哺乳、断奶、转群、饲料消耗等。

12.2 种猪要有来源、特征、主要生产性能记录。

12.3 做好饲料来源、配方及各种添加剂使用情况的记录。

12.4 兽医人员应做好免疫、用药、发病和治疗情况记录。

12.5 每批出场的猪应有出场猪号、销售地记录，以备查询。资料应尽可能长期保存，最少保留2年。

附录二　农业部关于印发《病死及病害动物无害化处理技术规范》的通知

各省（自治区、直辖市）畜牧兽医（农牧、农业）厅（局、委、办），新疆生产建设兵团农业局：

为进一步规范病死及病害动物和相关动物产品无害化处理操作，防止动物疫病传播扩散，保障动物产品质量安全，根据《中华人民共和国动物防疫法》《生猪屠宰管理条例》《畜禽规模养殖污染防治条例》等有关法律法规，我部组织制定了《病死及病害动物无害化处理技术规范》，现印发给你们，请遵照执行。我部发布的动物检疫规程、相关动物疫病防治技术规范中，涉及对病死及病害动物和相关动物产品进行无害化处理的，按本规范执行。

自本规范发布之日起，《病死动物无害化处理技术规范》（农医发〔2013〕34号）同时废止。

农业部

2017年7月3日

病死及病害动物无害化处理技术规范

为贯彻落实《中华人民共和国动物防疫法》《生猪屠宰管理条例》《畜禽规模养殖污染防治条例》等有关法律法规，防止动物疫病传播扩散，保障动物产品质量安全，规范病死及病害动物和相关动物产品无害化处理操作技术，制定本规范。

1　适用范围

本规范适用于国家规定的染疫动物及其产品、病死或者死因不明的动物尸体，屠宰前确认的病害动物、屠宰过程中经检疫或肉品品质检验确认为不可食用的动物产品，以及其他应当进行无害化处理的动物及动物产品。

本规范规定了病死及病害动物和相关动物产品无害化处理的技术工艺和操作注意事项，处理过程中病死及病害动物和相关动物产品的包装、暂存、转运、人员防护和记录等要求。

2　引用规范和标准

GB 19217　医疗废物转运车技术要求（试行）

GB 18484　危险废物焚烧污染控制标准

GB 18597　危险废物贮存污染控制标准

GB 16297　大气污染物综合排放标准

GB 14554　恶臭污染物排放标准

GB 8978　污水综合排放标准

GB 5085.3　危险废物鉴别标准

GB/T 16569　畜禽产品消毒规范

GB 19218　医疗废物焚烧炉技术要求（试行）

GB/T 19923　城市污水再生利用 工业用水水质

当上述标准和文件被修订时，应使用其最新版本。

3　术语和定义

3.1　无害化处理

本规范所称无害化处理，是指用物理、化学等方法处理病死及病害动物和相关动物产品，消灭其所携带的病原体，消除危害的过程。

3.2　焚烧法

焚烧法是指在焚烧容器内，使病死及病害动物和相关动物产品在富氧或无氧条件下进行氧化反应或热解反应的方法。

3.3　化制法

化制法是指在密闭的高压容器内，通过向容器夹层或容器内通入高温饱和蒸汽，在干热、压力或蒸汽、压力的作用下，处理病死及病害动物和相关动物产品的方法。

3.4 高温法

高温法是指常压状态下，在封闭系统内利用高温处理病死及病害动物和相关动物产品的方法。

3.5 深埋法

深埋法是指按照相关规定，将病死及病害动物和相关动物产品投入深埋坑中并覆盖、消毒，处理病死及病害动物和相关动物产品的方法。

3.6 硫酸分解法

硫酸分解法是指在密闭的容器内，将病死及病害动物和相关动物产品用硫酸在一定条件下进行分解的方法。

4 病死及病害动物和相关动物产品的处理

4.1 焚烧法

4.1.1 适用对象

国家规定的染疫动物及其产品、病死或者死因不明的动物尸体，屠宰前确认的病害动物、屠宰过程中经检疫或肉品品质检验确认为不可食用的动物产品，以及其他应当进行无害化处理的动物及动物产品。

4.1.2 直接焚烧法

4.1.2.1 技术工艺

4.1.2.1.1 可视情况对病死及病害动物和相关动物产品进行破碎等预处理。

4.1.2.1.2 将病死及病害动物和相关动物产品或破碎产物，投至焚烧炉本体燃烧室，经充分氧化、热解，产生的高温烟气进入二次燃烧室继续燃烧，产生的炉渣经出渣机排出。

4.1.2.1.3 燃烧室温度应≥850 ℃。燃烧所产生的烟气从最后的助燃空气喷射口或燃烧器出口到换热面或烟道冷风引射口之间的停留时间应≥2秒。焚烧炉出口烟气中氧含量应为6%～10%（干气）。

4.1.2.1.4 二次燃烧室出口烟气经余热利用系统、烟气净化系统处理，达到GB 16297要求后排放。

4.1.2.1.5 焚烧炉渣与除尘设备收集的焚烧飞灰应分别收集、贮存和运输。焚烧炉渣按一般固体废物处理或作资源化利用；焚烧飞灰和其他尾气净化装置收集的固体废物须按GB 5085.3要求作危险废物鉴定，如属于危险废物，则按GB 18484和GB 18597要求处理。

4.1.2.2　操作注意事项

4.1.2.2.1　严格控制焚烧进料频率和重量，使病死及病害动物和相关动物产品能够充分与空气接触，保证完全燃烧。

4.1.2.2.2　燃烧室内应保持负压状态，避免焚烧过程中发生烟气泄漏。

4.1.2.2.3　二次燃烧室顶部设紧急排放烟囱，应急时开启。

4.1.2.2.4　烟气净化系统，包括急冷塔、引风机等设施。

4.1.3　炭化焚烧法

4.1.3.1　技术工艺

4.1.3.1.1　病死及病害动物和相关动物产品投至热解炭化室，在无氧情况下经充分热解，产生的热解烟气进入二次燃烧室继续燃烧，产生的固体碳化物残渣经热解炭化室排出。

4.1.3.1.2　热解温度应≥600 ℃，二次燃烧室温度≥850 ℃，焚烧后烟气在850 ℃以上停留时间≥2秒。

4.1.3.1.3　烟气经过热解炭化室热能回收后，降至600 ℃左右，经烟气净化系统处理，达到GB 16297要求后排放。

4.1.3.2　操作注意事项

4.1.3.2.1　应检查热解炭化系统的炉门密封性，以保证热解炭化室的隔氧状态。

4.1.3.2.2　应定期检查和清理热解气输出管道，以免发生阻塞。

4.1.3.2.3　热解炭化室顶部需设置与大气相连的防爆口，热解炭化室内压力过大时可自动开启泄压。

4.1.3.2.4　应根据处理物种类、体积等严格控制热解的温度、升温速度及物料在热解炭化室里的停留时间。

4.2　化制法

4.2.1　适用对象

不得用于患有炭疽等芽孢杆菌类疫病，以及牛海绵状脑病、痒病的染疫动物及产品、组织的处理。其他适用对象同4.1.1。

4.2.2　干化法

4.2.2.1　技术工艺

4.2.2.1.1　可视情况对病死及病害动物和相关动物产品进行破碎等预处理。

4.2.2.1.2　病死及病害动物和相关动物产品或破碎产物输送入高温高压灭菌容器。

4.2.2.1.3 处理物中心温度≥140 ℃，压力≥0.5兆帕（绝对压力），时间≥4小时（具体处理时间随处理物种类和体积大小而设定）。

4.2.2.1.4 加热烘干产生的热蒸汽经废气处理系统后排出。

4.2.2.1.5 加热烘干产生的动物尸体残渣传输至压榨系统处理。

4.2.2.2 操作注意事项

4.2.2.2.1 搅拌系统的工作时间应以烘干剩余物基本不含水分为宜，根据处理物量的多少，适当延长或缩短搅拌时间。

4.2.2.2.2 应使用合理的污水处理系统，有效去除有机物、氨氮，达到GB 8978要求。

4.2.2.2.3 应使用合理的废气处理系统，有效吸收处理过程中动物尸体腐败产生的恶臭气体，达到GB 16297要求后排放。

4.2.2.2.4 高温高压灭菌容器操作人员应符合相关专业要求，持证上岗。

4.2.2.2.5 处理结束后，需对墙面、地面及其相关工具进行彻底清洗消毒。

4.2.3 湿化法

4.2.3.1 技术工艺

4.2.3.1.1 可视情况对病死及病害动物和相关动物产品进行破碎预处理。

4.2.3.1.2 将病死及病害动物和相关动物产品或破碎产物送入高温高压容器，总质量不得超过容器总承受力的五分之四。

4.2.3.1.3 处理物中心温度≥135 ℃，压力≥0.3兆帕（绝对压力），处理时间≥30分钟（具体处理时间随处理物种类和体积大小而设定）。

4.2.3.1.4 高温高压结束后，对处理产物进行初次固液分离。

4.2.3.1.5 固体物经破碎处理后，送入烘干系统；液体部分送入油水分离系统处理。

4.2.3.2 操作注意事项

4.2.3.2.1 高温高压容器操作人员应符合相关专业要求，持证上岗。

4.2.3.2.2 处理结束后，需对墙面、地面及其相关工具进行彻底清洗消毒。

4.2.3.2.3 冷凝排放水应冷却后排放，产生的废水应经污水处理系统处理，达到GB 8978要求。

4.2.3.2.4 处理车间废气应通过安装自动喷淋消毒系统、排风系统和高效微粒空气过滤器（HEPA过滤器）等进行处理，达到GB 16297要求后排放。

4.3 高温法

4.3.1 适用对象

同4.2.1。

4.3.2 技术工艺

4.3.2.1 可视情况对病死及病害动物和相关动物产品进行破碎等预处理。处理物或破碎产物体积（长×宽×高）≤125立方厘米（5厘米×5厘米×5厘米）。

4.3.2.2 向容器内输入油脂，容器夹层经导热油或其他介质加热。

4.3.2.3 将病死及病害动物和相关动物产品或破碎产物输送入容器内，与油脂混合。常压状态下，维持容器内部温度≥180 ℃，持续时间≥2.5小时（具体处理时间随处理物种类和体积大小而设定）。

4.3.2.4 加热产生的热蒸汽经废气处理系统后排出。

4.3.2.5 加热产生的动物尸体残渣传输至压榨系统处理。

4.3.3 操作注意事项

同4.2.2.2。

4.4 深埋法

4.4.1 适用对象

发生动物疫情或自然灾害等突发事件时病死及病害动物的应急处理，以及边远和交通不便地区零星病死畜禽的处理。不得用于患有炭疽等芽孢杆菌类疫病，以及牛海绵状脑病、痒病的染疫动物及产品、组织的处理。

4.4.2 选址要求

4.4.2.1 应选择地势高燥，处于下风向的地点。

4.4.2.2 应远离学校、公共场所、居民住宅区、村庄、动物饲养和屠宰场所、饮用水源地、河流等地区。

4.4.3 技术工艺

4.4.3.1 深埋坑体容积以实际处理动物尸体及相关动物产品数量确定。

4.4.3.2 深埋坑底应高出地下水位1.5米以上，要防渗、防漏。

4.4.3.3 坑底撒一层厚度为2～5厘米的生石灰或漂白粉等消毒药。

4.4.3.4 将动物尸体及相关动物产品投入坑内，最上层距离地表1.5米以上。

4.4.3.5 生石灰或漂白粉等消毒药消毒。

4.4.3.6 覆盖距地表20～30厘米，厚度不少于1～1.2米的覆土。

4.4.4 操作注意事项

4.4.4.1 深埋覆土不要太实，以免腐败产气造成气泡冒出和液体渗漏。

4.4.4.2 深埋后，在深埋处设置警示标识。

4.4.4.3 深埋后，第一周内应每日巡查1次，第二周起应每周巡查1次，连续巡查3个月，深埋坑塌陷处应及时加盖覆土。

4.4.4.4 深埋后，立即用氯制剂、漂白粉或生石灰等消毒药对深埋场所进行1次彻底消毒。第一周内应每日消毒1次，第二周起应每周消毒1次，连续消3周以上。

4.5 化学处理法

4.5.1 硫酸分解法

4.5.1.1 适用对象

同4.2.1。

4.5.1.2 技术工艺

4.5.1.2.1 可视情况对病死及病害动物和相关动物产品进行破碎等预处理。

4.5.1.2.2 将病死及病害动物和相关动物产品或破碎产物，投至耐酸的水解罐中，按每吨处理物加入水150～300千克，后加入98%的浓硫酸300～400千克（具体加入水和浓硫酸量随处理物的含水量而设定）。

4.5.1.2.3 密闭水解罐，加热使水解罐内升至100～108 ℃，维持压力≥0.15兆帕，反应时间≥4小时，至罐体内的病死及病害动物和相关动物产品完全分解为液态。

4.5.1.3 操作注意事项

4.5.1.3.1 处理中使用的强酸应按国家危险化学品安全管理、易制毒化学品管理有关规定执行，操作人员应做好个人防护。

4.5.1.3.2 水解过程中要先将水加入耐酸的水解罐中，然后加入浓硫酸。

4.5.1.3.3 控制处理物总体积不得超过容器容量的70%。

4.5.1.3.4 酸解反应的容器及储存酸解液的容器均要求耐强酸。

4.5.2 化学消毒法

4.5.2.1 适用对象

适用于被病原微生物污染或可疑被污染的动物皮毛消毒。

4.5.2.2 盐酸食盐溶液消毒法

4.5.2.2.1 用2.5%盐酸溶液和15%食盐水溶液等量混合，将皮张浸泡在此溶液中，并使溶液温度保持在30 ℃左右，浸泡40小时，1平方米的皮张用10升消毒液（或按100毫升25%食盐水溶液中加入盐酸1毫升配制消毒液，在室温15 ℃条件下浸泡48小时，皮张与消毒液之比为1∶4）。

4.5.2.2.2 浸泡后捞出沥干，放入2%（或1%）氢氧化钠溶液中，以中和皮张上的酸，再用水冲洗后晾干。

4.5.2.3 过氧乙酸消毒法

4.5.2.3.1 将皮毛放入新鲜配制的2%过氧乙酸溶液中浸泡30分钟。

4.5.2.3.2 将皮毛捞出，用水冲洗后晾干。

4.5.2.4 碱盐液浸泡消毒法

4.5.2.4.1 将皮毛浸入5%碱盐液（饱和盐水内加5%氢氧化钠）中，室温（18～25 ℃）浸泡24小时，并随时加以搅拌。

4.5.2.4.2 取出皮毛挂起，待碱盐液流净，放入5%盐酸液内浸泡，使皮上的酸碱中和。

4.5.2.4.3 将皮毛捞出，用水冲洗后晾干。

5 收集转运要求

5.1 包装

5.1.1 包装材料应符合密闭、防水、防渗、防破损、耐腐蚀等要求。

5.1.2 包装材料的容积、尺寸和数量应与需处理病死及病害动物和相关动物产品的体积、数量相匹配。

5.1.3 包装后应进行密封。

5.1.4 使用后，一次性包装材料应作销毁处理，可循环使用的包装材料应进行清洗消毒。

5.2 暂存

5.2.1 采用冷冻或冷藏方式进行暂存，防止无害化处理前病死及病害动物和相关动物产品腐败。

5.2.2 暂存场所应能防水、防渗、防鼠、防盗，易于清洗和消毒。

5.2.3 暂存场所应设置明显警示标识。

5.2.4 应定期对暂存场所及周边环境进行清洗消毒。

5.3 转运

5.3.1 可选择符合GB 19217条件的车辆或专用封闭厢式运载车辆。车厢四壁及底部应使用耐腐蚀材料，并采取防渗措施。

5.3.2 专用转运车辆应加注明显标识，并加装车载定位系统，记录转运时间和路径等信息。

5.3.3 车辆驶离暂存、养殖等场所前，应对车轮及车厢外部进行消毒。

5.3.4 转运车辆应尽量避免进入人口密集区。

5.3.5 若转运途中发生渗漏，应重新包装、消毒后运输。

5.3.6 卸载后，应对转运车辆及相关工具等进行彻底清洗、消毒。

6 其他要求

6.1 人员防护

6.1.1 病死及病害动物和相关动物产品的收集、暂存、转运、无害化处理操作的工作人员应经过专门培训，掌握相应的动物防疫知识。

6.1.2 工作人员在操作过程中应穿戴防护服、口罩、护目镜、胶鞋及手套等防护用具。

6.1.3 工作人员应使用专用的收集工具、包装用品、转运工具、清洗工具、消毒器材等。

6.1.4 工作完毕后，应对一次性防护用品作销毁处理，对循环使用的防护用品消毒处理。

6.2 记录要求

6.2.1 病死及病害动物和相关动物产品的收集、暂存、转运、无害化处理等环节应建有台账和记录。有条件的地方应保存转运车辆行车信息和相关环节视频记录。

6.2.2 台账和记录

6.2.2.1 暂存环节

6.2.2.1.1 接收台账和记录应包括病死及病害动物和相关动物产品来源场（户）、种类、数量、动物标识号、死亡原因、消毒方法、收集时间、经办人员等。

6.2.2.1.2 运出台账和记录应包括运输人员、联系方式、转运时间、车牌号、病死及病害动物和相关动物产品种类、数量、动物标识号、消毒方法、转运目的地以及经办人员等。

6.2.2.2 处理环节

6.2.2.2.1 接收台账和记录应包括病死及病害动物和相关动物产品来源、种类、数量、动物标识号、转运人员、联系方式、车牌号、接收时间及经手人员等。

6.2.2.2.2 处理台账和记录应包括处理时间、处理方式、处理数量及操作人员等。

6.2.3 涉及病死及病害动物和相关动物产品无害化处理的台账和记录至少要保存两年。

附录三　规模化猪场生产管理技术操作规程

一、公猪站饲养管理技术操作流程

（一）公猪站介绍

公猪站是一个猪场的核心。饲养种公猪是为了得到质量好的精液，因此要加强对种公猪的饲养管理，使公猪具有高品质的精液。

附表3-1　某种公猪站生产工作流程

时间	工作流程	具体动作	标准
7:50～8:30	1.环境监控 2.快速浏览猪群有无异常 3.设备设施检查 4.饲喂 5.观察猪群 6.治疗	1.感官检查舍内环境，依具体情况调节环控并做记录 2.对异常猪只第一时间治疗并记录 3.检查照明、风机、水管、栏门、料槽 4.放水或加水 5.根据猪只体况饲喂 6.冲洗料槽 7.了解分析猪只发病情况	1.空气新鲜不刺鼻，温度适宜（18～22 ℃） 2.各设备正常运行，有问题的及时处理或上报 3.料槽内有水至1/3处 4.根据公猪饲养标准 5.料槽内无饲料残渣 6.根据治疗方案及时治疗
8:30～11:00	采精	1.固定赶猪通道 2.赶猪至采精栏进行体躯擦洗 3.取采精杯 4.采精 5.送精液至AI室 6.将公猪赶回原栏位 7.填写采精记录	1.使公猪能顺利地进入采精栏 2.赶猪轻柔，身上腹部无粪便，包皮无积尿 3.采精杯加热至45～50 ℃ 4.根据采精规范 5.快速、平稳地送至AI室 6.将公猪轻柔地赶回原栏位 7.及时、准确、完整
11:00～11:50	1.查看猪群 2.放水 3.打扫卫生	1.查看猪群并特别观察治疗的猪 2.放水 3.打扫采精栏内卫生	1.认真、仔细、无遗漏 2.放水至料槽1/3处 3.无粪便、精胶、其他垃圾 4.抄水表

续表

时间	工作流程	具体动作	标准
11:50～13:30	吃饭、休息	—	—
14:00～15:00	饲喂、治疗	同上述操作	同上述操作
15:00～17:30	1.驯化公猪 2.执行周工作计划	1.挑选公猪，固定赶猪通道 2.赶猪至驯化栏进行体躯清洗 3.驯化（将驯化成功的进行采精并送检） 4.将猪赶回原栏，填写公猪驯化记录	1.根据公猪挑选标准 2.赶猪无暴力，清洗彻底无污物 3.按公猪驯化标准 4.记录及时、详细、真实
17:10～17:30	整理检查	1.将工具清洁并放入采精栏 2.检查设备 3.整理记录	1.整齐有序 2.设备正常运转 3.完整、详细、准确 4.填写报警记录

（二）公猪的采精

把采精袋置于采精杯里，一同放进保温箱里，最好是事先预温好双倍于采集头数的采精杯。用赶猪板把猪赶到采精栏，一定要注意人身安全。

公猪进入采精栏后，戴上两层干净手套。将公猪包皮的积液轻轻地挤干净，并把包皮和周围的组织用温水毛巾或纸擦干净。公猪爬上假母台，拿到预温采精杯。把干净的面巾纸放到戴手套的掌心，把阴茎周围擦拭干净。松开阴茎，丢弃面巾纸；脱掉外层手套，捏阴茎开始采精，阴茎头高于手指尖而不能接触手套。放弃初始射精，让其射到地上，一旦看到乳白色的浓精部分，就开始收集。将采精杯置于阴茎头下面进行采集，不让猪的任何部位接触到采精杯。公猪射精完毕后，离开采集区，把采精袋从杯中取出，让精液自然滤过滤网。把过滤纸从采精杯上移开，避免滤纸上的杂物落入采精杯。把采精杯放入传递窗污区，告知实验室人员公猪耳号。用挡板把公猪赶回到原限位栏中，保证采精人员的安全。

（三）采集区卫生

用75%酒精擦拭双门传递窗内壁。

冲洗采精栏地板、隔离柱、防滑垫、假母台（确保假母台的顶部、底部、安装组件和地板之间的间隙冲洗干净）。

（四）公猪限位栏/大栏清洁卫生

每天清理公猪限位栏背后的粪便和其他杂物。每天清扫所有的人行道，去除多余的饲料残渣。每周清洗一次公猪限位栏/大栏/饲料间，清理杂物（过脏的猪舍会增加污染物进入实验室的风险）。

天气允许的话，每周冲洗公猪一次，可用喷水管在公猪限位栏/大栏冲洗。

每月修剪一次包皮周围的毛，注意不要损伤公猪。

如果发现猪腹部非常脏的话，暂时把公猪移到干净的空栏，把原本的栏位冲洗干净后，再把它赶回原栏位。

（五）采精清单和采集频率

实验室每天提供采精清单，名单上公猪的选择是基于休息天数和精液需求量而决定的，把采精清单交给采集人。

保证高质量的精液，所有公猪必须至少每7天采一次。

调教阶段7～9月龄，每周采精一次。

10～12月龄，2周三次，5天采精一次。

12月龄以上成熟公猪，1周采精两次。

即使公猪不用或者死精、弱精，1周也需要采精一次，保持睾丸内精子活力及公猪的一个正常采精习惯。

紧急需要精液的情况下，可以连续采精一次，累计采精两次，但必须保证连续采精完毕后，公猪的充分休息时长，最少7天。

采集清单上的公猪是按休息天数最多到最少排列的，按此顺序采集可以防止公猪被跳过而得到多余的休息。

（六）配制稀释液

在5000毫升或3000毫升的玻璃烧杯里放入转子，加入纯净水或者蒸馏水（根据采精计划确定纯净水的用量）放入水浴锅进行加热，或者装入稀释液配制桶内进行制作，根据第二天的生产计划，在生产精液的前一天下班之前用电子秤，称量好纯净水或者蒸馏水，把准备好装有纯净水或蒸馏水的玻璃烧杯放入水浴锅内，盖上混精袋，以免掉入灰尘污染蒸馏水，调整好定时器的时间，打开定时器和水浴锅的开关，待第二天水浴锅自动开启加热。

生产当天，进入实验室以后把定时器开关键调为“常通”，并打开另一台水浴锅及恒温培养箱、电脑、显微镜、温控平台等设备。取出温度计，用蒸馏水冲洗一遍，放入前一天加热好的蒸馏水或纯净水内测量温度，待水温度到达35～37 ℃以上时，将其取出放在磁力搅拌器上搅拌，添加稀释粉，1袋稀释粉加入1000毫升的纯净水。

将稀释液进行搅拌，搅拌15分钟放回水浴锅继续加热，放置15分钟，再搅拌15分钟，然后再对下一罐稀释液进行搅拌。并且稀释液的温度达到37.5 ℃时方可使用，从干燥箱里取出小试管和试管架，根据计划采精的猪只数量准备小试管，在每一个小试管里用2400微升的移液枪加入配制好的稀释液，将试管塞好放在试管架上并放入水浴锅里。

（七）精液稀释

称量精液（同时观察精液的气味、颜色，如有异样及时反馈给采精人员）。

1∶10稀释精液（用240微升移液枪吸上原精液打入小试管里稀释后，放入水浴锅里进行加热，大约3分钟）。

将稀释后的精液放在显微镜下观察，如无异常（畸形、死精太多）进行下一步操作。

1∶1预稀释原精（在采精杯里进行），将稀释液按照1∶1的比例倒入无异常的原精液中稀释。

对精液进行分析：

1.用20微升移液枪取样，滴在计数载玻片上。

2.调整显微镜观察。

3.打开分析仪系统，选择鲜精分析，输入相应猪的耳号、总重量、初次加入稀释液的量（初次加入稀释液的量等于原精液的重量）、分析样本比例为1∶10等数据，开始分析视野，把画面调到最清晰时开始分析，切换多个画面，待分析满800个精子以后自动生成结果。

4.记录分析结果（密度、活力、稀释液添加量）。

5.若精子正常活力低于80%以下，畸形率高于10%以上，则精液不合格，弃用。

6.保存分析报告。

（八）稀释粉保存

稀释粉常温避光保存。稀释粉包装打开后，一次性用完。

（九）精液分析

精液必须使用精液分析系统进行评估：活力、形态。

精液稀释标准：

1.总活力必须超过80%。

2.直线形态正常的精子总额必须超过75%。

3.异常精子总额不得超过10%。

4.如果上述任何条件没有满足，精液必须被丢弃。

（十）精液包装

将稀释好的精液摆放在自动灌装机上，将导管连接调试好。

设置好灌装机参数，检查灌装针是否扎袋。

灌装过程中在精液袋上写上品系、批号、日期。

灌装完成后将精液袋分装，包裹3层包装袋。

将标签写好放入包装袋内。

（十一）实验室卫生

清扫和擦拭地板必须每天进行。

所有的台面必须清洗和消毒，每天使用75%酒精进行擦拭。

实验室的所有塑料设备必须每天用纯净水擦拭。所有保温板和不锈钢设备，每天用75%的酒精擦拭。

精液运输管内部必须用纯化水先冲洗60秒，完毕后进行干燥。

所有的垃圾桶必须每日清空、清洗和消毒。

二、分娩舍饲养管理技术操作流程

（一）产房的工作目标

确保母猪的泌乳性能良好，养好母猪是养好仔猪的前提。仔猪的成活率达到92%以上，断奶正品率达到95%以上，10天内复配率达到90%以上。

1.空栏消毒

仔猪转出后，先用清水将栏面上的猪粪打湿后，再喷上泡沫清洗剂（全清）浸泡1～2小时后，再用清水将栏冲洗干净，待栏干燥后用消毒水（卫可，菌毒灭）等消毒，然后用来苏尔消毒液消毒后关闭门窗，洗栏必须在规定的时间内完成，规定为1.5天（冲栏时间包含转猪的当天）。

2.进猪前的准备工作

一般母猪提前7天进产房，在进猪前首先将过道途经的各单元的门关闭，将本单元的挡猪栏片固定到位，将本单元所有母猪栏的后面栏门全部打开，等待进猪，夏天要求在7点之前将冲洗、消毒、驱虫好的母猪转入产房。

注意事项：产房在进母猪时不得殴打、粗鲁地对待猪只，尽量不要让母猪奔跑拥挤，要用赶猪板分批将（4～8）头母猪赶上产床。检查料线、料斗、饮水器是否运行正常。检查产床、栏门是否完好。检查所有的赶猪通道、赶猪板是否已经准备好。

3.产前准备

（1）用具。饲料车、转猪车、毛巾、扫把、水盆、水桶、一次性长臂助产手套、喷壶。

（2）器械。断尾钳、止血钳、耳缺钳、手术刀片、助产器、保定绳、手术托盘。

（3）药品。催产素、抗生素、解热镇痛药、酚磺乙胺、抗应激药、补铁剂。

（4）消毒药。卫可、碘酊、酒精、高锰酸钾、菌毒灭等。

4.判断分娩

（1）根据母猪预产期，阴门红肿，频频排尿，1～2天分娩。

（2）乳房有光泽，两侧乳房外胀。

（3）全部的乳头有较多的乳汁渗出，4～12小时即可分娩。

（4）若奶水较浓且量足，则4～8小时可产仔。

（5）有羊水破出，2小时即可产仔。

除了以上的判断同时还要结合母猪的外阴情况和行为表现（起卧不安、拱栏、抓挠栏板、啃栏）等来判断。

5.接产

二擦：仔猪出生后，立即用毛巾擦口腔和身体黏液（注：如果生下来的是假死仔猪，则立即对其进行人工呼吸，方法是一手抓住仔猪的头，一手抓住仔猪的臀部做卷曲运动）。

三涂：涂抹干燥粉进行消毒。

四断：断脐，先将脐带血挤腹腔内再在离腹部1～2厘米处用消毒好的细线扎住。最后在离腹部3～5厘米处将脐带用手掐断，并将断裂的脐带伤口用碘酊消毒一遍。

六护：仔猪尽快放回母猪乳房旁吮吸初乳，对弱猪辅助采食初乳。

七查：检查排出胎衣数量与仔猪的数量是否相同，母猪是否努责，确定是否生产结束，未产结束可打1毫升催产素进行适当处理。

八收：胎衣与死胎分开集中登记处理，统计于出生后12小时内对母猪的产仔情况进行记录，并将不合格的仔猪直接处理掉。

6.诱产（谨慎诱产）

（1）不要在116天（上午诱产）、后备117天前进行诱产（第二次配种为第1天）。

（2）使用时将1毫升的氯前列烯醇注射在母猪阴户旁边的沟内。

（3）诱产后24小时，检查母猪有没有排乳汁（分娩征兆），打1毫升催产素，如果打完一针后15分钟仍未产可选择淘汰。

7.催产

（1）注射1毫升的催产素在外阴旁边的沟处。

（2）进行接产的人员如果使用催产素的话，应当填表记录，并且该人员应当会使用催产素而且具有分娩知识，知道如何判断分娩迹象。

8.催产素的使用（尽量少用）

催产素的使用必须先判断骨盆是否狭窄，胎位是否正常，才决定是否使用催产素，否则不得使用。不推荐后备母猪使用催产素，因此，应当非常有限地对它们使用催产素。至少已经生产一头小猪。当生小猪的间隔大于30分钟（且没有努责）时使用催产素。每头难产母猪的催产素使用量最多使用1次。如果注射催产素后15分钟还是没有分娩小猪，进行人工助产。

9.正常分娩

母猪产程一般是1～6小时，这属于正常分娩。一般情况下第一头产出的小猪与第二头小猪产出的时间间隔是30分钟。

10.判断难产

有羊水排出，母猪强烈努责后，1小时内仍无小猪产出。子宫收缩无力或产仔间隔过长，超过1小时，或者肌注缩宫素15分钟后也无小猪产出，即视为难产（注：对产道损伤严重的母猪应及时淘汰，难产母猪卡上要注明难产原因，以便在下一次分娩时可以采取适当的措施避免）。

11.助产母猪

（1）记录所有的分娩信息（写到母猪卡上），包括诱产、活仔、死产、木乃伊胎、掏产、催产素注射、仔猪移动，以及其他的一些关于分娩的事项。

（2）每20分钟视觉查看母猪，这包括到预产期的母猪、有问题母猪、正在分娩母猪。

（3）查看猪并不表示所有的母猪都要被掏产。助产前先用一次性输精管插入母猪的产道内试探是否有小猪进入产道，再确定是否助产。

（4）助产母猪保健，助产时要戴上一次性长臂助产手套，并在其上均匀地涂抹上润滑剂，然后将手慢慢地伸入产道内，抓仔猪的后腿或抠住仔猪的下颌缓缓地将仔猪拉出来。

12.饲喂泌乳母猪

（1）饲喂湿拌料，料水比（1∶2）（自动喂料器在料槽中加水达到湿拌料的目的）。

附表3-2　泌乳母猪饲喂量

天数	饲喂量（后备）（千克/天）	饲喂量（经产）（千克/天）
产前2天	2	2
产前1天	2	2
分娩当天	1	1
产后第1天	2	2.5
产后第2天	3	3.5
产后第3天	4	4.5
产后第4天	5	5.5
产后第5天	6	6.5
产后第6天	7	7.5
产后第7天	最大采食	最大采食

（2）饲喂程序：冬天3次/天，夏天4次/天。

（3）注意事项：

每次喂料要把控好饲喂量。

每天喂完料后要对料槽有1～2次的清理。

每次饲喂母猪的料量一定要有明确的记录。

每次母猪吃完料后，尽量不要有剩余。

13.寄养流程

分娩调群在当天第一次检查和最后一次检查之间进行，这样做是为了最大限度地初乳的摄入。

把母猪分类，即什么样的母猪育养什么样的仔猪。质量好（采食情况好，乳房丰满，有效乳头奶水充足）的母猪为低行动能力的仔猪，年龄大或者有问题母猪饲喂体重大的仔猪，正常的母猪饲喂中等个头的仔猪。把低行动能力的仔猪找出寄养到好的质量的母猪下，寄养时间集中在36～48小时（最后一头仔猪产出为第1分钟），保证母猪尽可能多带自己的仔猪，尽量少寄养小猪，48小时后，将掉队的小猪统一给奶妈带奶即可，后备猪尽量多带小猪且最好超过12头，可以带到最多的有效乳头数。

原则（尽量原窝）：

（1）36小时内分批哺乳。

（2）1小时一次，超过有效乳头的仔猪才进行分批哺乳，留小挑大，将小猪放入保温箱内。

（3）按照母猪的哺乳能力进行寄养。

（4）后备母猪尽量多带仔且不低于12头。

（5）36～48小时寄养。

（6）48小时后进行每周一次将掉队的小猪挑出让奶妈母猪带哺。

（7）寄养时可以向前寄养，不可以向后寄养。

注意事项：

如果有太多的瘦弱饥饿36～48小时内的小猪要尽早挑出。

目标是每22栏一窝饥饿小猪（大于48小时年龄小猪）。

适时地挑出饥饿的小猪会给它们一段恢复的时间。

不要对掉队6～7天的小猪进行饥饿拯救，因为已经没有足够的时间来让它们恢复了。

不要过度地进行，适当最好。

挑出一头奶水较好的奶妈猪为这些小猪带奶。

寄养合适的方式分为三个阶段，最好是减少跨单元的饲养。寄养第一阶段是24小时内完成，第二阶段为仔猪5～7天的寄养，第三阶段在14天前完成。寻栏过程中掉队仔猪微调，14天后仔猪调整很难恢复，寄养工作前期的寄养很关键。

寄养弱仔尽可能选择后备母猪寄养，同时选择奶水中等偏上的母猪寄养，不要直接选择奶水较好的母猪，容易造成突然的营养吸收，导致拉稀。

14.奶妈猪的选择

（1）乳头大小和质量。

（2）乳头暴露情况。

（3）母性是否良好。

（4）健康和体况。

（5）胎次1不要使用年轻母猪来饲喂低行动能力小猪，第2、第3和第4胎是合适的。

（6）以上的每窝小猪的数量不宜超过14头。

（7）找出个头较大的小猪放到胎次较大或者某方面有问题的母猪下。

15.需要观察的指标

乳头的大小和质量、乳头暴露情况、母性是否良好、健康和体况、胎次1年龄大些的母猪看起来更易出问题，所以要注意原先的记录、调整剩下的猪的大小、选择大天龄的母猪进行继续哺乳，断奶前1天需要做的是观察有没有适合带仔的母猪，或是带仔好的母猪继续哺乳，代养弱仔。

16. 仔猪保健流程

附表3-3 仔猪保健流程

时间	事项	备注
1日龄	打耳缺、耳牌（留作种用的公母猪都要打耳号、耳牌），保健（长效头孢0.3毫升/头，铁剂1毫升/头）。	要做到一窝一针头，耳缺钳每打一头耳缺要在消毒液中浸泡一下，创口也要消毒。

续表

时间	事项	备注
4日龄	补铁和支原体：若小猪全身苍白，补注铁剂1毫升/头，肌注2毫升支原体疫苗，补铁和疫苗是分边注射的，每一窝小猪换一次针头，根据兽医建议打抗生素。 断尾：只留2.5厘米尾巴，断尾钳（建议电热剪尾钳）。 去势：去势时要开两个口，使用12号手术刀片，在阉割仔猪时，每阉割完一头仔猪都要把手术刀片放在消毒液中消毒一下。	用消毒剂和热水清洗所有用过的器具。
断奶前1天	支原体2毫升/头＋圆环1毫升/头。	实际免疫程序以生物安全部为准。

17.母猪保健程序

附表3-4　母猪保健程序

时间	事项	备注
产后当天	助产、发烧、厌食母猪进行抗生素治疗。	也可饲料加药（对革兰氏阴性菌有效药物如金霉素、土霉素等，每三个月换一种药物）。
产后14天	—	实际免疫程序以生物安全部为准。

18.调整饥饿小猪

在断奶前1天，确认瘦弱的小猪以及其栏位，根据猪舍和窝容量来进行分组。健康的猪群（无PED等正在发生的传染病），可以按照哺乳天数进行断奶，将一栋哺乳天数较少的母猪及其仔猪一起转到另外一栋，与另外一栋一起断奶。

19.产房温度的调控

附表3-5　仔猪区温度

时间	体重/千克	温度
初产时	—	32～33 ℃
（1～14日龄）	2～4	30～32 ℃
（15～21日龄）	4～6	28～29 ℃
（22～28日龄）	6～9	26～27 ℃

附表3-6　产仔间温度

时间	温度
第0～1周	20～24 ℃
第2周	21～22 ℃
第3周	20～21 ℃
第4周	18～20 ℃

仔猪出生温度控制很关键，上述的温度控制出生温度、第二周温度，控制幅度较大，出生合理温度24～25 ℃，第二周22～23 ℃，第三周20～22 ℃，出生仔猪温度要求非常关键。

参考文献

[1] 杜俊成.养猪与猪病防治[M].南京：江苏教育出版社，2015.
[2] 李立山，张周.养猪与猪病防治[M].北京：中国农业出版社，2010.
[3] 石旭东，张保军.养猪技术[M].兰州：甘肃科学技术出版社，2016.
[4] 石旭东，魏万仁.养猪实用技术[M].兰州：甘肃科学技术出版社，2012.
[5] 朱淑斌，潘琦.养猪与猪病防治[M].北京：中国农业出版社，2012.
[6] 郭秀山，张洁.养猪技术[M].北京：中央广播电视大学出版社，2015.
[7] 王志远.猪病防治第三版[M].北京：中国农业出版社，2019.